女孩行为心理学

单婷婷————著

民主与建设出版社

·北京·

© 民主与建设出版社，2019

图书在版编目（CIP）数据

女孩行为心理学 / 单婷婷著 . － 北京：民主与建
设出版社，2019.3
ISBN 978-7-5139-2446-7

Ⅰ.①女… Ⅱ.①单… Ⅲ.①女性－青少年心理学－
通俗读物 Ⅳ.① B844.2-49

中国版本图书馆 CIP 数据核字 (2019) 第 057250 号

女孩行为心理学
NÜHAI XINGWEI XINLIXUE

出 版 人　李声笑
著　　者　单婷婷
责任编辑　王　倩
封面设计　新艺·书文化
出版发行　民主与建设出版社有限责任公司
电　　话　（010）59417747　59419778
社　　址　北京市海淀区西三环中路 10 号望海楼 E 座 7 层
邮　　编　100142
印　　刷　大厂回族自治县彩虹印刷有限公司
版　　次　2019 年 12 月第 1 版
印　　次　2019 年 12 月第 1 次印刷
开　　本　880mm×1230mm　1/32
印　　张　7
字　　数　124 千字
书　　号　ISBN 978-7-5139-2446-7
定　　价　39.80 元

注：如有印、装质量问题，请与出版社联系。

孩子的教育问题一直是父母不敢松懈的大事。男孩、女孩都是父母的心肝宝贝，但是因为性别的差异，女孩与男孩有着很大的不同：女孩敏感，更加在乎别人的评价；女孩更喜欢向父母诉说内心的小秘密；女孩天性喜欢打扮，有着很强的表现欲；女孩抗压能力比较弱，比男孩更爱哭；女孩心思细腻，更加依赖父母；女孩更容易生气、发脾气；等等。

这些差异都说明女孩可能更需要得到父母的关爱和保护。因此，父母要因材施教，根据女孩的心理特点和成长规律对其进行教育和引导。

那么，父母该如何引导才能使孩子成为一个优秀的人呢？父母需要懂得孩子的哪些心理，才更有利于孩子的健康成长呢？父母该怎么养，孩子才能成长为一个自信、阳光的小公主？父母内心的这一系列疑问正是本书所要解答的。在读过本书后，父母可以从孩子的行为表现中，读懂孩子内心深处的小秘密。

比如，孩子爱撒谎，可能是因为她们还分不清现实和想象；孩子不喜欢学习，有可能是因为讨厌某一个老师而导致了厌学情绪；孩子嫉妒，可能是无法正确看待别人的优秀；孩子依赖妈妈，可能是因为出现了分离焦虑的困扰；孩子恋物，可能是因为父母对孩子缺乏关心，导致孩子出现了情感转移；孩子喜欢插话，可能是为了展示自我……

再比如，当孩子用装病来要挟父母时，女孩在想：我装病是因为我想得到某样东西。父母在想：这孩子是真的生病了吗？

在读完此书后，父母可以了解到孩子经常使用的"小招数"，从而轻易破解孩子的小伎俩，不再被孩子的情绪牵着走。

本书从女孩的肢体行为、语言行为、情绪行为、生活行为、习惯行为、社交行为等九个方面入手，结合典型案例、心理学分析和实践指导，在解答孩子内心秘密的同时，也为父母提供了非常专业、具体的实践指导，以帮助父母轻松应对孩子在日常生活和学习中出现的各种心理状况。

本书文字通俗易懂、内容涵盖面广泛、案例真实，能够帮助广大父母了解隐藏在孩子行为背后的心理，从而更好地与孩子进行沟通。希望本书能成为您的良师益友，也希望您的女儿能成长为一个积极、乐观、勇敢、独立、健康的孩子。

目录
contents

第一章 ·

肢体行为心理

女孩为什么总爱哭？女孩为什么嘴巴说个不停？女孩为什么总喜欢对着镜子照来照去？……这些行为背后隐藏着怎样的心理呢？下面就开始阅读本章内容吧，相信你会从中找到答案的。

哭哭啼啼的小公主——女孩爱哭为哪般

小昔今年刚满4岁，在妈妈看来，她是一个特别脆弱的小女孩，一天要哭好几次：早上看不到妈妈会哭，妈妈批评一下会哭，和小朋友发生争吵也会哭……妈妈很纳闷：为什么宝贝女儿这么爱哭呢？

心理学认为，哭泣作为一种常见的情绪反应，对人的心理健康起着非常重要的保护作用。当孩子精神紧张、压抑或者受到某种打击时，通过哭泣可以达到释放能量、缓解心理紧张、解除压力的作用。但是，当孩子动不动就哭，哭的次数过多时，父母就该好好找一找原因了。

一般来说，女孩爱哭主要有以下因素：

1. 表达生理需求

一岁以内的孩子，因为语言能力发展还不够完善，她们在不适应环境的冷热变化时，或者表达自身需要的时候，便会采用哭泣的方式与父母沟通。比如，在孩子感到困倦，想要睡觉的时候，如果父母不让孩子睡觉，孩子可能就会通过急促的哭声来表达抗议。

2. 孩子处于情感敏感期

女孩的情感较男孩来说更加敏感、脆弱，特别是孩子进入4岁后，会迎来人生的情感敏感期，而处在情感敏感期的孩子很容易哭泣。首先，敏感的特质决定了她能很快识别大人的面部变化，从而容易受他人情绪的影响。其次，随着孩子认知能力的发展，她对隐藏在行为背后的情绪和情感的思考能力也在逐步提高，但是情感是一种深层次的心理活动，孩子碍于认知和理解能力的不足，容易做出错误判断。比如，将妈妈的批评看成"妈妈开始讨厌我了"。又比如，当老师夸奖其他孩子，没有夸奖自己时，孩子会认为"老师偏心，我可能是个不被人喜欢的小孩"。在这种心理的作用下，孩子自然会感到抑郁、伤心，从而通过哭泣的方式进行排解。

3. 受到压力或委屈

孩子自身的知识以及处世经验都比较缺乏，当她们感受到压力或者委屈，而自己又无能为力时，她们就会通过哭泣的方式进行疏解。

针对女孩爱哭的特点，父母不妨从以下几个方面进行引导：

1. 关注孩子的需求

孩子需要通过父母不断地回应其需求来慢慢地建立起与之安全的依恋关系。当孩子感受到无论何种情况下，父母都会及时出现，回应自己的要求，并给予自己足够的关爱时，孩子内心的安全感便会建立；反之，如果孩子的哭声被忽视，孩子的需求得不到回应，那么，孩子就会逐渐失去对父母的信任，出现依恋障碍，长大后更容易患心理疾病。所以，对于1岁以内的孩子，父母不妨积极地满足孩子的合理需求，等孩子大一点后，再对孩子进行延迟满足。

2. 充分地理解孩子的情绪

父母不应给爱哭的孩子贴上"无能"的标签，更不能批评孩子动不动就哭，这样反而会使孩子感到更加紧张、委屈，以至于连她们用哭泣表达情感的通道都会被堵塞。此时，父母不妨先让孩子痛痛快快地哭完，让眼泪带走孩子的负面情绪。等孩子哭完，情绪平复之后，父母可以对孩子说："我很爱你，你哭得这么伤心，我也很难过。"或询问一下孩子："你哭完后是不是感觉好点了呢？你可以把委屈告诉我吗？我陪着你。"这样，孩子便能感受到父母对自己的关爱，从而正确地对待和处理自己的不良情绪。

3. 鼓励孩子用语言表达内心的想法

很多性格内向的孩子遇到问题时往往不知该如何解决，所以不得不采用哭的方式告急。因此，父母不妨多给孩子讲一下问题的处理方法，鼓励孩子用语言来表达自己内心的情感。比如："你想出去玩，可以告诉妈妈，但是如果你一直哭，妈妈就不知道你内心的想法。""其他小朋友不还你玩具时，你要开口跟他说，不能哭。"在告诉孩子这样的道理后，还要有意识地带孩子参加一些社交场合，给孩子制造开口说的机会，慢慢地，孩子就会养成遇事开口表达的习惯。

4. 拒绝负性强化

很多父母发现，当对孩子说"不要哭""别哭"时，孩子反而哭得更大声了。其实，当父母一直反复强调"不要哭"时，反而增加了孩子的压力，强化了孩子的哭泣行为。这种现象在心理学中叫作"负性强化"。根据这个道理，为了避免孩子越哭越厉害，父母不妨用其他有趣的话题来转移孩子的注意力。

最后需要注意的一点是，当孩子因压力大而经常哭泣时，父母还可以通过多媒体演示、读绘本、讲故事等形式，积极地引导孩子释放压力，理性地表达自己的情感。

总是自言自语——孩子在思考

　　朱莉今年4岁，细心的妈妈发现，最近一段时间以来，朱莉总是喜欢自言自语。一天，朱莉一边画画一边嘀咕："这是妈妈，妈妈在给我做饭；这是爸爸，爸爸在收拾桌子。我要去厨房帮妈妈干活喽……"直到把画画完，朱莉才停止了嘀咕。

　　还有一次，朱莉在玩拼图，妈妈听见她又自言自语了起来："这个不应该放在这里，对了，是不是放在这里呢？不对，该放哪里呢？"听到朱莉简短、零碎的语言，妈妈感到很困惑：为什么朱莉像个小话痨一样总喜欢自言自语呢？孩子该不会有什么问题吧？

　　一般来说，很多小女孩在三岁后，往往会边做边说，描述当前正在做的事，或者计划要做的事情，又或者是遇到困难时自己的解决方案等。这其实是儿童语言发展的正常现象。

1. 外部语言到内部语言的过渡

心理学中将孩子自言自语的现象称为独白。通过独白行为，孩子可以借助口头语言来理清思路，帮助自己思考。比如，孩子在玩游戏的过程中，需要进行很多思维活动，她们会喃喃自语先做什么，再做什么，像讲故事一样把要做的事情说出来，这其实是一个思考的过程。随着孩子的成长、思维能力的提高，孩子自言自语的现象会逐渐减少，因为她们的口头语言会转化为内心静默的语言，也就是说，她们不会再将自己的思考过程说出来，而是在大脑中完成。

2. 体验乐趣、成长的需要

在孩子刚开始学说话的时候，发现还可以和自己说话，这对于她们来说非常有趣。等孩子3～4岁时，她们迎来了语言的飞速发展期，此时的孩子非常喜欢表达。比如，她们在玩游戏的时候，往往会一人分饰几个角色，自言自语，玩得不亦乐乎。此类游戏可以提高孩子的交流能力，是孩子社会化发展的一种需要。

瑞士著名儿童心理学家皮亚杰认为，孩子自言自语的行为，对儿童心智的发展起着非常重要的作用。父母不应将孩子自言自语的现象当作一种病态，而应抓住孩子这个语言快速发展的关键时期，将其当作了解孩子思维的窗口，多听一听孩子说了什么，从而提高孩子的语言表达能力，增加孩子的见闻，促进孩子的智力发展。具体来说，父母可采取下述方式：

1. 认真倾听并给孩子一定的提示

孩子自言自语时，父母尽量不要打断孩子，要学会耐心倾听，听完后要给予孩子一定的思维提示，以便促进孩子的心智发展，丰富孩子的语言信息。比如，很多孩子在用积木搭建房子时，都会自言自语地说："这个该放在哪里呢？"此时，父母不妨借此机会教孩子认识各类不同形状的物体，并教给孩子不同积木之间的搭配方法等。这种方式可以强化孩子的所见所闻、所思所想，提高她们的语言运用能力。

2. 多带孩子接触社会

父母可以利用休息的时间多带孩子出门走走，接触一下社会。比如逛逛商场、去海洋馆看一看动物等。在此过程中，父母可以不失时机地引导孩子仔细观察，问一问孩子的所见所闻。通过这样的社会实践，提高孩子的认知，增进孩子对身边事物的思考。

3. 教孩子观察身边的物品

孩子好奇心强，容易对身边的物品感兴趣。因此，父母可以将身边的物品当作提升孩子思维的好帮手。比如，教孩子认识一下各类厨房电器，告诉孩子各类电器的不同用途，使孩子在学习生活知识的同时，变得越来越聪明。

4. 进行角色互换游戏

很多女孩经常抱着洋娃娃把自己想象成某个角色，并按照角色的行为方式说话。此时，父母可以主动加入孩子的游戏中，与孩子玩一玩角色扮演的游戏，这能提高孩子的思维和语言表达能力。比如，妈妈和女儿互换角色，在"女儿"不小心犯错后，看看孩子是如何教育自己的。通过这样的游戏，可以让孩子更加理解父母，开发她们的想象力和创造力。

5. 陪孩子一起阅读

父母可以每天抽出一定的时间陪孩子读一读各类绘本，针对书中的故事提出问题，鼓励孩子发挥想象，对故事进行延展。比如："如果王子找不到灰姑娘，他可能会去哪里找呢?""如果大灰狼要去找小兔子的麻烦，小兔子该怎样躲避大灰狼呢？"围绕着故事的内容，与孩子一起讨论，是提高孩子语言表达能力的一个重要途径。

总是把东西倒来倒去 —— 动作敏感期的典型表现

团子刚满3岁，她眼里的一切都是新鲜的，什么都想去尝试。比如，喝水的时候，喜欢再拿一个杯子，然后用手将水倒来倒去，并乐此不疲。妈妈让团子喝水，可她非要玩够了才喝，这个时候妈妈发现水杯中的水已经洒得所剩无几了，不得不重新给她倒一杯。不仅如此，平时妈妈带她去海边玩的时候，她会捡两个小瓶盖，将沙子倒来倒去。

日常生活中，不少孩子也会出现类似团子的情况，总是喜欢用手把东西倒来倒去，这是为什么呢？

随着孩子身体各部分肌肉的发展，孩子在进行一些跑和跳的大动作的同时，包括手部在内的精细动作也得到了充分的发展。团子把东西倒来倒去的行为就是在锻炼手部的灵敏度，是孩子进入动作敏感期的典型表现。刚开始的时候，她们还无法很好地控制手部的动作，总会将东西洒在外面，但是随着不断地练习，她们的手部动作也越来越熟练。

著名教育家蒙台梭利曾经说："人的手十分精细和复杂，它不仅使心灵得以展现，还能使人跟整个环境建立一段特殊的关系。"基于此，我们可以这样理解：我们就是靠双手改变了环境，进而丰富了自己的生命，完成了自己的使命。与此相关的是，科学家经过研究发现：成人的手指非常灵敏，可以感觉到振幅只有0.00002毫米的振动，而孩子的手指比起成人则更为敏感。因此，父母不妨抓住孩子手部动作的敏感期，注重锻炼孩子的精细动作，这看似不起眼，却是正确育儿的关键。

1. 训练孩子捡的动作

为了锻炼孩子手部的灵活性，父母可以与孩子一起玩"捡饼干"的小游戏，让孩子坐在餐桌前，桌上摆放两个装着饼干的小盘子。父母可以引导孩子将饼干从一个盘子拿到另一个盘子里，或者在孩子玩累了的时候让孩子把饼干放到自己嘴里。这种训练方式可以提高孩子抓取的准确性，锻炼孩子手眼的协调能力。

2. 做翻书练习

父母可以利用与孩子一起阅读绘本的机会，让孩子做一下翻书训练。通过这种方式可以锻炼孩子手指的灵敏度，提高手腕的力量和对画面的判断力。举例来说，父母可以选择一本孩子喜欢的故事书，反复地给她读，一边读一边翻。等孩子对此书非常熟悉后，父母可以让孩子自己独立地去翻书。刚开始，孩子或许只能翻几页，或一次翻很多页，但是慢慢地，孩子在翻的过程中就可以做到一页一页地翻得越来越好。

3. 培养孩子的自理能力

随着孩子手部能力的提升，孩子可能还会喜欢干家务，比如将桌椅搬来搬去，或者喜欢帮父母扫地、倒垃圾等。此时，父母要多给予孩子肯定，鼓励她们去做此类家务劳动。这样不仅可以满足孩子锻炼手部的需求，还能培养孩子独立自理的能力。

因为自身能力还有所欠缺，孩子在做一些手部动作的时候，难免会一会儿打翻这个，一会儿弄倒那个。对此，父母应该满足孩子的锻炼需要，不要责备孩子，比起孩子的健康发展，弄坏几样东西根本不值一提，因为对孩子来说，基于孩子自身发展需要的爱才是真真正正的爱。

跌倒就哭泣——娇娇女也可以成为"女汉子"

　　妞妞2岁，是一个活泼好动的小女孩。一天，妈妈和奶奶带妞妞出去玩，刚到户外，妞妞就挣脱出妈妈的怀抱，自己一个人在路上快乐地跑了起来。"扑通"一声，妞妞不小心摔倒了，趴在地上一副要哭的表情。奶奶大惊失色，赶紧把妞妞抱了起来，一边安抚，一边打着地面说："妞妞不哭，奶奶打地面。"听奶奶这么一说，妞妞大声地哭了起来，而且奶奶越哄，她越哭得厉害。妈妈摇了摇头，对妞妞的奶奶说："妈，您应该让孩子自己爬起来。"奶奶则回答："你看孩子都摔疼了，我能不把她抱起来嘛！"

　　在日常生活中，刚学会走路的孩子出现跌跌撞撞是很正常的事。有趣的是，很多孩子在跌倒后容易出现越哄越哭的现象。这是为什么呢？

这是因为孩子还不能很好地调节自己的情绪，容易受到他人的影响，情境性非常强。另外，科学研究发现，孩子的痛感与年龄成正比，孩子摔倒后并没有成年人想象的那么疼。此时，如果父母表现得非常平静，孩子自然也就不会在乎。但如果父母在看到孩子摔倒后表现得非常紧张，反而会使原本并没有觉得多痛的孩子，在受到大人紧张情绪的感染后，做出错误的判断，即"我摔得真的很痛"，因此就容易出现越哄越哭、大哭不止的现象。

那么，孩子摔倒后，父母该采取怎样的措施才能让孩子勇敢地站起来呢？

1. 正确对待摔倒的孩子

在孩子不小心摔倒后，很多父母将责任归咎于地面，这无形中会淡化孩子的责任意识，使她们养成推卸责任的坏习惯；还有的父母会一味地责怪孩子不小心，这只会加深孩子的恐惧心理，让孩子变得胆小又无所适从。因此，在孩子摔倒后，父母应该给予适当的安慰，让孩子慢慢变得独立起来。

2. 给予正确的引导

父母可以结合肢体行为给孩子表演一下："你看，原来你是这样滑倒的，那么，我们换个方式来看看！你看，像妈妈这样走就不会摔倒了！宝贝，你也来试试吧！"通过这样的引导，孩子就会在今后的行走中更加用心，从而避免再次摔倒。

3. 让孩子哭泣发泄

如果孩子重重地摔了一跤，她此时可能会立马大哭起来。对此，父母要视情况的不同采取不同的措施，如果孩子的确摔得很重，可把孩子抱起来，让孩子先哭一会儿，再慢慢进行安抚。如果摔得并不严重，父母可以先让孩子痛痛快快地哭完，将心中的情绪发泄出来，之后再鼓励孩子站起来。可以对孩子说："相信你可以站起来，妈妈认为你是一个非常坚强、勇敢的孩子。"孩子听到家长的鼓励后，她在处理自己摔倒的问题上便会显得更加自信，从而鼓足勇气，慢慢地站起来，体会到战胜困难的成就感。

需要注意的一点是，家长不应强行禁止孩子哭泣。"高压禁哭"会阻塞孩子内心情绪的发泄，不利于孩子的心理健康。

爱照镜子、爱打扮——女孩的审美敏感期

薇薇今年刚满4岁，妈妈发现她变得越来越爱美了。早上，妈妈给她准备好了要穿的衣服，可她说什么也不肯穿，非要妈妈给她挑一套最好看的。妈妈给她准备了五套衣服后，薇薇还是摇了摇头，自己从床上跑下去，钻进衣柜里挑了起来。不仅如此，每逢周六日不去幼儿园的时候，她总在家里换不同的衣服，对着镜子照个不停，有时候趁妈妈不在家的时候，她还会翻妈妈的化妆盒，涂涂口红和指甲。如果妈妈把化妆品藏起来，薇薇就会大哭大闹，妈妈怎么哄也哄不好。面对眼前这个爱臭美的小丫头，妈妈一脸茫然：孩子为什么会这么爱美呢？我该如何教育她呢？

一般来说，女孩在三岁左右便会对自己的穿衣打扮产生强烈的兴趣。比如：下雪天非要穿裙子；穿着妈妈的高跟鞋在房间里走来

走去；要梳好看的辫子，戴漂亮的头饰等。此类表现从心理学的角度来看，代表孩子的审美敏感期到来了。处于审美敏感期的孩子喜欢乐此不疲地穿好看的衣服，尝试不同的能使自己变得更美的化妆品……虽然有时候把自己打扮得一团糟，但正是这种不断地尝试，不断地追求自我完美，在一定程度上为今后的审美打下了基础。你会发现，随着孩子审美能力的提高，在她们五六岁的时候，就会对衣服颜色的搭配更加敏感，对饰品的装点也更加到位，这正是孩子审美发展的最佳证明。

爱美是女孩的天性，可在面对爱打扮的小公主时，不少父母会产生这样的观念：从小就这么爱打扮，以后长大了是不是就会变成一个爱慕虚荣的人？于是，在这种思想的影响下，很多父母便会粗暴地阻止、限制孩子，殊不知，这种行为很可能会扼杀未来的模特、设计师或者演员。因此，当孩子处于审美敏感期时，父母大可不必担心孩子的"反常行为"，而应正确地指导、鼓励孩子。

1. 尊重孩子的审美

当孩子对衣着服饰产生浓厚的兴趣并希望得到父母的肯定时，父母不应站在成人的角度对孩子的"美"进行错误的评判，更不要给孩子贴上"不正常""虚荣""怪异"的标签。父母需要明白的一点是，孩子追求美，只是在发展一种智能，不能跟品德挂钩。

2. 把握引导时机

父母在尊重孩子心智发展的需要、鼓励孩子探索的同时，也不能对孩子完全放任，而应针对孩子的情况，及时地给予孩子一定的指导。比如，父母可以根据孩子审美敏感期的特点，与孩子开展一些与之相关的游戏。比如，给布娃娃搭配几件好看的衣服，与孩子一起学一学色彩知识，或者外出游玩时，带孩子认识身边的色彩和图案，提高孩子的观察力，给孩子提供健康、完善的成长空间。

3. 引导孩子在动手创造中发现美

父母可以鼓励孩子进行一些手工制作，通过对各类图案、图形、材料进行分类、拼接、粘贴、组合后，可以让孩子充分地感受到"原来动手可以创造这么多美丽的东西！"提高孩子的设计、创造和思考能力，增进孩子对美的感受和追求。

父母还应多带孩子接触美好的事物，比如多带孩子参加服装展、画展，让孩子从小就耳濡目染。此外，还可以培养孩子一项与美相关的爱好，比如钢琴、绘画、书法等，让孩子从各类兴趣爱好中发现美的所在，以便培养出众的气质。

喜欢附身低语——女孩不能说的秘密

小楠今年3岁多了，是一个聪明可爱的小女孩，可她却有一个令大家不太喜欢的习惯——喜欢趴在别人耳边说悄悄话。

妈妈正在打扫卫生，小楠笑着对妈妈说："妈妈，您过来，我跟您说个事。"

"什么事啊，我很忙，你直接说就行了。"

"过来，我才说。"小楠笑嘻嘻地对妈妈说。

拗不过小楠，妈妈凑了过去，小楠举起小手，半捂着嘴巴靠近妈妈的耳朵，说了些什么，在她说完后，她还笑着问："妈妈，您听明白了吗？"

"没听见啊，你说的什么啊？"妈妈疑惑地问她。

"没说什么。"小楠皱着眉头，嘟着嘴，有点责怪妈妈没听清。

妈妈觉得小楠是在捣乱，便不再搭理她。

还有一次，妈妈带小楠外出，遇到了幼儿园老师，老师主动向小楠打招呼，小楠却害羞地躲在了妈妈的身后，在老师转身后，小楠又在妈妈耳边叽里呱啦地说了起来。在妈妈的严厉要求下，小楠终于大声说话了，原来她说的是"我很喜欢这个老师"。

妈妈教育小楠要大声说话，别人才能听明白，可不管怎么教育她，一让她大声说话，她就涨红了脸，支支吾吾地总是把话又憋了回去。

生活中有不少女孩都喜欢用悄悄话的形式与父母、老师或者小伙伴进行交流，这是为什么呢？

1. 不想让别人听见

在孩子看来，说悄悄话不容易被别人发现，有神秘感，因此，孩子才为之着迷。另外，在平时的生活中，不少父母也会用耳语来吸引孩子的注意力或者发展孩子的听觉。比如，当孩子生气时，父母也会对孩子说悄悄话："我告诉你一个小秘密……"这样，孩子就会模仿家人的行为习惯使用耳语，最终不敢当面大声地说话。

2. 为了避免消极情绪

随着孩子自我意识的发展，她们的情感和是非观也得到了初步萌芽，她们会因自己的表现得到老师的肯定而高兴，也会因自己做了错事而感到不愉快。所以，为了避免一些消极情绪或者隐瞒自己的一些错事，她们便会采用一种较为安全的方式来表达自己的想法，于是耳语就成了她们的首选。

3. 严厉下的戒备心理

如果父母教育孩子的方式过于严厉，那么，孩子就不敢在父母面前表达自己的意见，只能寻找可以信赖的朋友说悄悄话。这是孩子的一种戒备心理，如果父母不加以纠正，那么，孩子以后可能当众也不敢说话了，这不利于培养孩子的良好性格。

对于孩子喜欢说"悄悄话"的行为，父母可以采取以下方式进行引导。

1. 耐心地听孩子把话说完

父母应该认识到孩子喜欢说悄悄话，这是孩子语言发展的一种正常表现，父母一定要表现出对说话内容非常感兴趣的姿态，并积极地回应孩子的耳语，哪怕是微笑一下，也能让孩子感受到，父母在认真听她说话。如果实在没听到，父母可以用温和的语气让孩子说话声音大一点，但不能呵责孩子，这样才能慢慢培养诉说的兴趣。

2. 逐渐过渡

喜欢说悄悄话的孩子往往害怕当众发言。对此，父母应该给予充分的重视，并弄清楚孩子不敢说话的原因，然后给孩子营造一个令她感到安全的谈话氛围，而不是让孩子习惯用耳语表达。比如，当孩子在小伙伴面前不敢说话时，父母可以先鼓励孩子自己开口说，如果她不好意思，父母可以给她做出示范："你们好，我的名字叫小楠，很高兴与大家成为朋友。"在此过程中，父母要引导孩子，并鼓励孩子的点滴进步。

3. 教孩子分清耳语的使用场合

父母可以告知孩子耳语的使用场合。比如，家里有客人时，孩子可以采用耳语的方式表达自己的一些需求。又比如，当孩子看到某些不正确的事情时，也可以轻声地告诉。但在其他场合，孩子需勇敢、清晰地表达自己的想法。

最后，父母还需注重自身的言行，平时教育孩子时多一些耐心和爱心，给孩子营造一个活泼的氛围，对于孩子提出的合理要求要多多支持，并鼓励孩子敞开心扉向自己倾诉。

— · 第二章 · —

语言行为心理

生活中，有些女孩总是说一些令父母感到惊讶的话，比如"我要和某某结婚"等，孩子的语言让父母在忍俊不禁的同时，也摸不着头脑。孩子到底怎么了？其实，孩子的语言多是她们内心的直观反映，读懂孩子语言的弦外音，可以帮助父母更准确地了解孩子的内心。

"我要和他结婚" ——女孩婚姻敏感期

　　妈妈发现5岁的璇璇最近特别爱黏爸爸。以前，都是妈妈给璇璇讲睡前故事，现在必须由爸爸给她讲。而且每天在爸爸出门之前，璇璇都会主动要求爸爸亲吻自己，或者爸爸在工作的时候，璇璇也会缠着爸爸，与爸爸聊一会儿。

　　一天，妈妈看见璇璇正认真地画着什么，出于好奇，妈妈凑过去看了看，只见璇璇画了两个人，一个高，一个矮。妈妈笑着问璇璇："你画的这是谁啊？"璇璇歪着头，对妈妈说："这是我和爸爸，我们正在举行婚礼呢！"妈妈笑了起来，对璇璇说："爸爸的老婆是妈妈，你不可以和爸爸结婚。""我就要和爸爸结婚！"说着，璇璇哭了起来。妈妈摇了摇头，心中疑惑：璇璇这是怎么了？

　　著名心理学家弗洛伊德认为，儿童在4周岁左右会对包括父母在内的异性表现出浓厚的兴趣。同时，随着儿童性别意识与社会意识的发展，他们开始探索社会的各种组合形式，比如师生组合、朋友组合等。由于儿童的生活环境中随处可见的就是父母的婚姻组合，所以他们的探索也是从婚姻开始的。此时，以女孩为例，她们对爸爸会有一个最单纯的认识，在她们眼里，爸爸代表了勇敢、高大、力量，满足了她们想被保护的需要，给她们提供了足够的安全感。她们喜欢爸爸，所以才会想和爸爸结婚，甚至，有不少女孩还会嫉妒妈妈与爸爸单独相处。这种感情是非常正常的，是孩子步入婚姻敏感期的初步表现。除此之外，不少女孩还会出现以下行为：（1）如果喜欢的小男孩没有去幼儿园，她便会情绪低落；（2）把自己喜欢的东西送给喜欢的小男孩；（3）要求与爸爸结婚；（4）幻想自己是漂亮的新娘，特别喜欢纱裙；（5）喜欢玩过家家，自己扮演小公主，要求与王子亲吻。

当面对女孩的上述表现时，不少父母会有这样的烦恼："孩子是不是有点太早熟？""孩子不会只喜欢心目中的王子，不理会其他人吧？"……那么，作为父母，该如何引导处于婚姻敏感期的孩子呢？

1. 理解、尊重孩子

孩子对"结婚"产生一种朦胧的向往是一种再正常不过的心

理反应。父母应该正视这一现象的产生，不要斥责她想"结婚"的想法，更不应该嘲笑她。当孩子处于婚姻敏感期时，父母要认真倾听，给予她表达美好情感的机会，让孩子在轻松、自然的环境下畅所欲言。同时，父母要抓住这个过程，帮她树立起良好的婚姻观。

2. 进行恰当的教育

很多女孩都喜欢玩过家家，自己扮演新娘，让自己喜欢的小男生扮演新郎，并乐此不疲。其实这种"结婚游戏"是孩子在用自己的方式体验世间的美好情感。父母不应对这种"结婚游戏"进行过多的干预，而应该结合游戏，给予孩子正确的婚恋观指导。比如，可以告诉孩子结婚的基本要素是与相互喜欢的人结婚，不能与有血缘关系的人结婚等。对于孩子来说，在她们的概念中，对异性朋友的喜欢来源于精神寄托，在她们看来，与异性结婚，自己就不会孤单，并非成年人想象的那么复杂。所以，父母不妨多给孩子一点空间，让孩子大胆体验婚姻角色。

3. 认真回答孩子的问题

处于婚姻敏感期的孩子会围绕着婚姻主题的各个方面进行探索，因此，她们经常会问一些关于男女之间感情的问题。比如，在看到电视里男女拥抱的镜头时，不少女孩会问妈妈："妈妈，他们为什么要抱在一起呢？"此时，父母应该认真地回答孩子："因为他们彼此相爱，拥抱是他们表达爱意的一种方式。"而不应该呵斥孩子说："小孩子别问这么多，你长大就知道了！"每个孩子都有发问的权利，而作为父母也有帮孩子解惑的义务，因此，面对孩子的问题，父母应该认真对待，满足孩子的求知欲。

4. 避免过分关注

如果孩子不提，父母也不要追问，过多地关注往往会适得其反。如果听到孩子说"我要和某某小朋友结婚"，父母可以对孩子说："那祝贺你了！"不要问孩子"你们怎么好的?""什么时候好的?"之类的问题。但是，如果孩子有想告诉父母的欲望，那么，父母就应该仔细地倾听并做出解释。

麻烦的"小问号"——孩子的智慧来源于发问

跟大多数孩子一样，6岁的轩轩总是喜欢追着妈妈不断地问"为什么"，而每次妈妈都会被她各种稀奇古怪的问题难倒，不知该如何回答她。

"世界上有多少个国家呢？"

"我可以去别的星球看看吗？"

"为什么我的皮肤没有妈妈的白呢？"

"爸爸的眉毛有多少根呢？"

……

妈妈被轩轩穷追不舍的问题搞得心烦意乱，不耐烦地对她说："你别问了，等你长大了就知道了。"

"为什么现在不能给我讲呢？为什么？"轩轩继续追着妈妈问。

最后，妈妈被问得有点哭笑不得，她对轩轩说："为什么你有这么多问题呢？为什么？"

孩子平时总会问一些让人难以招架的问题，刚开始，父母还能耐心地回答孩子的问题，可当孩子不断地发问时，父母往往就会失去耐心，怕回答不上来丢面子，最终愤愤地对孩子说："问这么多干什么，别问了！"

心理学研究表明，发问是孩子的一种非常可贵的品质。善于发问正是孩子思考的起点，也代表着孩子的思维变得更深更广阔。而一个人智力水平的高低，往往通过思维能力体现出来，所以问题多的孩子往往也就更聪明。其次，发问是孩子学习的一种形式，孩子是天生的探索家，他们对身边的事物充满了好奇，想去认识事物，了解各种知识和原理。因此，孩子便会产生许许多多的问题，通过问题的带动获得更多的知识。

作为父母，应该充分地保护孩子的求知欲，不能粗暴地呵斥喜欢问问题的孩子，更不能用谎言欺骗孩子。否则，在孩子多次提问却得不到解答后，她可能就会失去学习的兴趣，自身的探索能力也得不到发展。那么，当孩子向父母提问时，父母该如何对待呢？

1. 认真倾听、回答孩子的问题

父母应该重视孩子的每一个问题，认真、耐心地听完，在孩子说完后，父母还应对问题进行复述，以确定自己无误，让孩子感受到父母对自己的尊重，从而更加热爱学习、热爱发现。一般来说，对于孩子只想了解某类物体的浅显问题，父母在告诉孩子该物体的名称后，最好再用例子给孩子详细地讲解一下，以便让孩子对物体形成一个完整的认识。另外，需要注意的一点是，低龄孩子理解不了太复杂的科学道理，父母在回答孩子的问题时，只需告诉孩子简单的道理即可。

2. 从大自然中寻求答案

亲近大自然会给孩子带来更多的思考和启发，便于孩子从中寻求问题的答案。因此，父母不妨多带孩子去户外走一走，鼓励孩子观察身边的一草一木，了解各种自然现象。举例来说，当孩子问父母蜗牛吃什么的时候，父母可以带孩子去大自然中寻找答案，让孩子观察蜗牛的生活习性，这样孩子就会明白：原来蜗牛生活在阴暗潮湿的环境中，蜗牛喜欢吃叶子……

3. 反问一下孩子

面对孩子的问题，父母不仅要耐心地给出孩子答案，偶尔还可以就着孩子的问题再反问一下："这是为什么呢？"从而引发孩子进一步思考。这样，以一带多，孩子便能学到更多的知识。

　　对于爱问问题的孩子，父母不要觉得烦躁，而应多多鼓励孩子发现问题、解决问题、增长知识。另外，对于自己不懂的问题，父母还可以和孩子一起通过各种途径找到答案。在孩子面前，承认自己不懂的地方，不仅可以让孩子明白个人的力量是有限的，每个人都有不懂的知识，提问就是把不懂的变成懂的；另外还可以因为自己诚恳的态度赢得孩子的信任，培养她们谦逊的学习态度，激励她们更努力地去学习。

"我还没玩够呢"——孩子对玩的渴望

依依今年5岁，刚读中班。别看她个子不高，瘦瘦小小的，可她却是幼儿园里的调皮大王。进行户外活动时，依依上蹿下跳，跟小男孩打成一片，一刻也停不下来。老师看到后，让她跑慢点，她就像没听到一样，依旧我行我素。

在家里的时候，依依也非常淘气，趁妈妈不注意，将妈妈的化妆盒打开，把化妆品拿出来玩耍。她还学着大猩猩的动作，满屋子乱跑尖叫。妈妈要她停下来，她总是对妈妈说："我还没玩够呢！"调皮的依依令妈妈感到非常头疼：为什么依依精力如此旺盛，一刻也不消停呢？

心理学家马克·罗森茨威格做过这样一个实验：该实验以一批具有相同遗传基因的小白鼠作为研究对象，结果发现：给小白鼠提供的环境越丰富，小白鼠越"贪玩淘气"，大脑发育也越具有优势。

与此相关的是，科学研究实验证明，2～6岁的孩子中，能充分玩耍的孩子的大脑要比不玩耍的孩子的大脑至少大30%。这是因为，孩子在玩耍的过程中会得到更多的外在刺激，完成更多的与大脑思维有关的动作，这对促进孩子的智力发育来说是大有裨益的。除此之外，通过玩耍，还能增强孩子的语言表达能力和创造性思维，消除孩子的心理压力和不良情绪。

关于玩耍，儿童发展心理学家皮亚杰经过多年的观察发现，孩子的玩耍要经历三个阶段，具体内容见下表。

阶段	儿童年龄	特点	举例
练习性玩耍	两岁以内	重复练习某项动作，不断地自我挑战	一次次地把刚刚垒高的积木推倒重来
象征性玩耍	幼儿时期	进行角色模仿，想象力和语言能力得到提高，儿童社会性行为增强	过家家，商店购物
规则性玩耍	四五岁时	儿童规则意识逐渐萌芽，不再局限于固有的游戏，会主动选择玩伴以及变换游戏方式，创造性地玩耍	捉迷藏，户外运动

看来，孩子"玩"的学问还真不少。那么，怎样才能使孩子在玩的过程中得到各方面的锻炼和提高，玩出智慧和精彩呢？

1. 给孩子提供玩的环境

"爱玩"建立在"想玩"的基础上，所以，父母应结合孩子的年龄特点和爱好，为孩子创造一个乐于玩耍的环境，比如在环境布置上，结合孩子的需求，要考虑到颜色、形象等方面。另外，如果室内不能给孩子提供足够的玩耍空间，父母还可以多带孩子去户外玩一玩沙坑、水池等，充分扩展孩子的户外活动空间。

2. 陪伴孩子一起玩

美国心理学家苏珊·哈特经过研究发现，父母的陪伴和参与会给孩子带来强烈的自尊感，她们会更专注于玩具或者眼前的事情。所以，为了让孩子更加专注地"玩"，父母不妨积极地参与到孩子玩的过程中去。刚开始的时候，可以给孩子设定一个预期目标。比如，带孩子游览公园时，可以让孩子事先查看一下公园门口的景区地图，然后再按照规划像寻宝一样找到某个景点。这样，孩子就会觉得非常有趣，同时也锻炼了她们的记忆力和观察力。

3. 大胆放手

当孩子在玩的时候，很多父母会不停地对孩子喊："小心，那边危险。""太脏了，你离这儿远点。"这样，不仅不利于培养孩子的专注力，同时，也会让孩子变得不知所措，失去玩耍的兴趣。所以，为了避免这种情况的发生，在孩子玩耍之前，父母就可以先和孩子讨论一下自我保护的方法，要求孩子远离危险区域，之后就可以放手让孩子尽情地去玩，父母只需在视线范围内确保孩子的安全就可以了。

"妈妈我害怕"——孩子有恐惧心理

　　豆豆今年刚满4岁,是一个特别胆小的小女孩。有一次,妈妈带她去游乐园玩,看到其他小朋友玩得很开心,豆豆的脸上流露出渴望的神情,但无论妈妈怎么鼓励,她都摇摇头说:"我害怕。"

　　豆豆还特别怕黑,每天晚上妈妈都在她的卧室里开一盏小灯,可是,早上一睁开眼,豆豆还是会捂着眼睛,哭着闹着找妈妈。看到别人家的小姑娘都勇敢、坚强,豆豆妈很苦恼:豆豆怎么这么胆小呢?怎样才能让她变得勇敢起来呢?

　　因为胆小,孩子不敢在公共场合发言;因为胆小,孩子在面对陌生人时,往往会显得不知所措。可以说,胆小是孩子成长路上的一大障碍。那么,孩子为什么会形成胆小的性格呢?

1. 父母恐吓

有些孩子本来就敏感、胆小，遇事往往退缩不前，如果父母再过度夸大或恐吓，孩子就会变得更胆小。比如，父母为了让孩子乖乖睡觉，就吓唬孩子说："赶紧睡觉，不睡觉的话，大老虎就来把你抓走。"这样，虽然孩子可能立马安静下来睡觉，但是内心埋下了恐惧的种子。

2. 认知偏差

孩子认知能力不强，很容易将电视中看到的一些虚幻现象与现实生活混淆在一起。比如，在孩子看到阴影或者突然听到响声时，会想到这是不是怪物出现的前兆，从而产生恐惧。另一方面，碍于认知不全，这个世界对她们来说比较陌生，因而，她们比较害怕小动物，怕突然的异响，怕雷电等自然界的事物。

3. 过度保护

很多父母护子心切，害怕孩子出现意外，不让孩子轻易尝试新鲜事物。比如，担心碎石头扎着脚而禁止孩子在沙滩上光脚行走，害怕孩子跌倒而不让她尝试溜冰，这样，孩子的内心就会变得非常惶恐，觉得世界充满了不确定性和危险性，变得胆小多疑。

那么，父母该如何教育、引导胆小的孩子呢？

1. 找到孩子胆小的原因

父母要承认孩子恐惧感的存在，因为孩子的感受是真实的。

父母可以多与孩子聊一聊，问一问孩子害怕什么。如果孩子害怕小偷，父母就告诉孩子门窗已经锁好，家里面很安全。如果孩子晚上做噩梦梦到怪物，父母就可以打开灯，让孩子看一看其实没有怪物，让孩子逐渐改变看法，克服恐惧心理。

2. 让孩子多多尝试

平日里，父母害怕孩子受到伤害，往往会过多地限制孩子。比如，当孩子自己盛汤时，父母会说："快放下，别烫伤了！"这样，孩子更不敢尝试新鲜事物，胆子也越来越小。因此，父母不妨让孩子从小事中多多锻炼，提高她们的思考能力和应变能力。

3. 教会孩子处理问题的办法

面对胆小的孩子，父母要给予必要的指导，孩子才能慢慢地学会处理各种问题。比如，有的孩子害怕飞虫，父母可以告诉孩子当飞虫飞过来时，用手轻轻一扇或者动一动身体，就可以把飞虫赶跑。在孩子掌握了方法后，再遇到令自己害怕的情况时，她们应对起来就会游刃有余了。

父母不要当面议论孩子的胆小，也不要急于改变孩子，这些都会给孩子的心理带来压力。父母可以从孩子某次细微的改变着手，给予孩子引导和鼓励，这样，通过反复的强化和训练，逐渐帮孩子纠正胆小的行为。

"我说我说" ——孩子渴望自我展示

在妈妈看来，女儿玲玲简直就是一个名副其实的"小话痨"。平时，只要妈妈和其他人聊天，玲玲就立马找到妈妈，见机插话。

周日，妈妈约了朋友来家里做客。妈妈热情地招呼朋友，这时玲玲走过来说："妈妈，您能帮我把玩具拿下来吗？"

妈妈起身帮她把玩具拿下来之后，玲玲又说："妈妈，我口渴，我要喝水。"

在妈妈给玲玲倒了水之后，玲玲又对妈妈说道："妈妈，我们一会儿出去玩吧！"

"好啊，你等一会儿，妈妈现在正和阿姨聊天呢！"

"妈妈，我要给爸爸打电话！"

"玲玲，你能安静地玩一会儿吗？"妈妈生气地对玲玲说。

> "好了，孩子还小，不要怪她，你先陪孩子玩吧，我们改天再聊。"妈妈的朋友一边安慰她一边收拾东西起身要走。
>
> 这令妈妈感到十分无奈。

相信很多父母都经历过玲玲妈妈这样的尴尬：在与朋友聊天的过程中，孩子总在一旁插话，打断大人的交谈……孩子的这种不礼貌的行为往往令父母火冒三丈，其实，在父母了解了孩子的内心世界后，就会发现孩子并非是有意的。孩子喜欢插话有以下原因：

1. 希望引起足够的重视

孩子往往以自我为中心，在她们看来，世界就是因为自己的存在而存在的，因此，孩子无法忍受父母的注意力不在自己身上。所以，当父母与朋友聊天时，她们便会通过插话的方式引起父母对自己的重视。

2. 对谈话中的内容感到好奇

每个孩子都有强烈的好奇心。当孩子对父母与朋友的谈话内容感到好奇时，便会迫不及待地通过插话的方式解决内心的疑问。

3. 无事可做

当孩子无聊、不知道干什么时，她们就容易出现插话的行为，在她们眼里，插话就是"找乐子"。

4．还没学会等待

孩子还没有学会等待，她们总是希望自己的问题最先得到解决，因此，便会以插话的方式直接表达自己的需要，比如"妈妈，您帮我取一下洋娃娃""妈妈，我的玩具放哪里了？您帮我找找"等。

那么，面对孩子的插话行为，父母该如何科学地进行引导呢？

1．设置情境，让孩子换位思考

父母可以设置某个特定的情境，让孩子体会一下被插话的感觉。比如，当孩子与爸爸专注地聊天时，妈妈不断地干扰父女之间的谈话，此时，孩子可能会变得非常生气，无法容忍妈妈的"捣乱"行为。这时，妈妈可以及时地引导孩子："你在和爸爸聊天时，总是被妈妈打扰，心情很不好，对不对？你想一下，如果妈妈在与其他人讲话时，你总是插话，妈妈是什么感受呢？"此时，孩子就会明白自己之前的行为给妈妈带来的影响，从而学会换位思考，凡事要注意多考虑一下别人的感受。

2．不要强行制止，可进行约定

对于孩子的插话行为，父母首先要做的是理解和接纳。一定不要强行制止孩子，或者大声呵斥孩子，这样可能会伤害孩子的自尊心。当然，平时孩子在说话的过程中，父母也不要随便打断她，如果不得不打断，要对孩子解释清楚："不好意思，我需要打断你一下。"对于特别爱插话的孩子，父母还可以与孩子进行约定。比如，设计一个好玩的动作作为停止说话的信号。当孩子想要插话时，就使用这个动作。同样，父母也可以设计一个动作作为"允许说话"以及"再等待一会儿"的暗示。这种属于亲子之间的小秘密既是对孩子的尊重，也是在告诉孩子接下来会发生什么，起到安慰孩子的作用。

3. 通过游戏让孩子按规则说话

父母可以利用空闲时间，跟孩子玩一玩"按规则说话"的游戏。游戏开始前，事先与孩子做一个约定：孩子必须先认真听别人说，如果自己实在按捺不住想表达时，一定要举手。经过妈妈的同意后，才能发表言谈；如果孩子随意插话，其他人可以不予理睬，事后还要接受批评。在游戏的过程中，父母要发挥榜样的作用，亲自给孩子做示范，引导孩子以正确的方法参与到别人的谈话中。这种游戏不仅可以锻炼孩子的表达能力，让孩子了解一定的语言沟通技巧，还可以使孩子养成认真倾听的好习惯。

最后需要注意的一点是，当孩子某次认真地倾听父母的谈话，没有出现插嘴的行为时，父母应及时鼓励："你真棒，你这次是在妈妈讲完后才开始说话的！"然后诚挚地向孩子表达感谢："谢谢你没有打断我！"慢慢地，孩子就会发现，自己不插话也能够引起父母的关注和表扬，从而改掉插话的毛病。

"这不是我的错"——自尊心理强

倩倩玩耍的时候不小心把妈妈的手机屏摔碎了。正在厨房准备晚饭的妈妈听到声音，就问倩倩："宝贝，你是不是把什么东西弄地上了？"倩倩连忙回答妈妈："没有，没有。"

等妈妈做完饭，拿起手机时发现屏幕碎了，于是，蹲下身子耐心地对倩倩说："你是不是把妈妈的手机屏幕摔碎了，你告诉妈妈，妈妈不怪你。"可是倩倩一直低着头不作声。在妈妈苦口婆心地对倩倩讲完道理后，倩倩却对妈妈说："这不是我的错！"

母女僵持了一会儿，妈妈无奈地说："以后你注意点，不能再把妈妈的手机摔坏了，明白了吗？"听到妈妈这样说，倩倩如释重负，点点头说："明白了。"然后跑到一边玩去了！

再乖巧的孩子也会犯错，在孩子犯错后，父母通常都会告诉孩子道理，并要求孩子认错。但有时候，父母会很纳闷：为什么自己提出的批评句句在理，讲得头头是道，孩子却依然无动于衷，不知悔改呢？对于这个问题，我们先了解一下孩子拒不认错的原因：

1. 没有意识到自己做错了

很多时候，对于大人来说理所当然的事，站在孩子的角度来看，却未必如此。比如，孩子为了研究一下娃娃为什么会发出声音，往往会把父母刚买的洋娃娃拆得七零八碎；再比如，有的孩子在爸爸的工作图纸上乱写乱画，其实孩子并不知道图纸与画纸的区别……这些错误的做法都是孩子身心发育不成熟造成的，她们并不知道自己错在哪里。

2. 觉得认错是一件丢人的事

有的孩子性格比较执拗，在她们看来，认错是一件不光彩的事，所以她们拒不认错。当然，这与父母的教育方式也有一定的关系。比如，在孩子很小的时候，父母没有培养孩子知错就改、勇于认错的好习惯。举例来说，当孩子抢夺其他小朋友的玩具时，父母往往袒护自己的孩子，指责其他小朋友做得不对，这样在孩子看来，认错就代表着示弱，是一件丢人的事，久而久之，孩子就养成了不承认错误的坏习惯。

3. 逃避惩罚

有一部分父母的教育方式比较简单粗暴，在孩子犯错后，非打即骂。所以出于对惩罚的恐惧,孩子只好掩盖自己的错误,想蒙混过关。

那么,面对拒不认错的孩子,父母该采取怎样的方式才能让孩子主动承认错误,并且心服口服呢?

1. 态度诚恳地对待孩子

有的父母在发现孩子犯错后,往往怒火中烧,粗暴地批评、打骂孩子,这种行为不仅会伤害孩子的自尊,还会激起孩子的逆反心理,使孩子变得越来越难管教。因此,当孩子犯错时,父母的态度一定要诚恳,本着重动机、轻后果的原则用冷静的态度来处理问题。

2. 父母要给孩子树立好榜样

很多父母为了教育孩子,给孩子定了不少规矩,比如,东西要轻拿轻放,在家不能大声叫嚷,进入他人房间要敲门,等等。但是,很多父母经常在家大声喧哗,进入孩子的房间也从不敲门。这样,当孩子犯错,父母对其进行教育的时候,孩子就会觉得委屈,不愿认错,因为在她们看来,父母也没有规范自己的言行举止,为什么却要她们遵守约定呢?因此,父母要给孩子做个榜样,时刻注意自己的言行举止。这样,在父母潜移默化的影响下,孩子自然也能遵从约定,正视自己的错误之处。

3. 切勿新旧账一起算

有的父母缺乏原则，处理问题完全看心情。高兴时，孩子做错了，父母也不深究；不高兴时，如果孩子不小心犯了错，父母就会新旧账一起算，严厉地批评孩子。长此以往，孩子就会养成看父母的脸色表现的习惯。这种教育方式非常危险，孩子有可能在父母摇摆不定的教育方式下逐渐成长为一个看脸色行事、不负责任、不知悔改的人。因此，孩子犯错时，父母切勿新旧账一起算。同时，一定要坚持自己的立场和原则，对待孩子不能看心情说话。

4. 教孩子辨别是非

父母在教育孩子的时候，重点不是抓住孩子的错误不放，而是首先要让孩子有一个正确的对待错误的态度。教孩子明辨是非，对就是对，错就是错，是谁的错误谁就应该为此负责。当孩子拒不认错时，父母要有理有据地告诉孩子错在哪里，如果不改正错误，后果是怎样的，并告知孩子正确的做法，严肃地要求孩子承认错误。

最后，父母需要注意的一点是，判断孩子有没有认识到错误不仅仅要看她们的口头承诺，还要观察孩子的行为。如果刚开始孩子怕羞没有认错，但是事后不再犯同样的错误，也是一种认错的方式，父母应予以表扬。

—·第三章·——
情绪行为心理

孩子的情绪包括喜怒哀乐等多种情绪。一般来说，孩子的行为越强，则说明其背后的情绪越强。面对阴晴不定、喜怒无常的孩子，父母应该读懂孩子各类情绪背后的真实心理，化解她们的不良情绪。

开不起玩笑——女孩太敏感

玉玉今年5岁，虽然是个小姑娘，但她却像男孩一样调皮。一天，玉玉和其他6个小朋友在一起玩捉迷藏。轮到玉玉了，她捂住眼睛，等小朋友藏好后，她开始迅速地去找其他小朋友，不到两分钟，就找到了5个。玉玉心想：另一个去哪里了呢？玉玉东看西找，还是没发现，此时不远处传来了这样的声音："小猴子，小猴子，快来抓我啊，小猴子怎么找不到我了呢？"玉玉看了那个小朋友一眼，就像泄了气的皮球一样，原地慢慢撒气，最后哭了起来："我不是小猴子，我不玩了！"妈妈过来了解了情况，冲玉玉笑了笑说："那个小姐姐在跟你开玩笑呢！"可玉玉哭得更伤心了。

妈妈有点不明白：为什么看上去像男孩的玉玉会这么在意一句玩笑话呢？

心理学认为，幼儿时期是女孩自我意识发展的关键阶段，此时，她有着很强的自尊心，会非常在意他人对自己的评价。当孩子感到别人的玩笑伤到自己的自尊心时，她们就会认为这是对自己的一种否定，一种不尊重。尤其是因为身体缺陷或其他原因而被别人开玩笑时，她们会觉得这是将自己的缺陷或者缺点公布于众，因此，会产生愤怒、自卑等不良情绪。其次，女孩在家往往备受宠爱，这让她们养成了一种以自我为中心的习惯，凡事都要求别人迁就自己，感情和心理都非常脆弱，因此，往往经受不住一些无关紧要的玩笑。

那么，面对开不起玩笑的孩子，父母该怎么做呢？

1. 不要随便跟孩子开玩笑

对于孩子来说，他们只能理解简单的因果关系，而有些父母喜欢利用孩子的天真和对事情较真的态度来开玩笑。比如，妈妈告诉孩子不带她去博物馆了。在孩子看来，妈妈真的不带自己去博物馆了，但是，如果父母将这句话当作玩笑说给孩子听，那孩子就会错误地认为，说出来的话不去实现也没关系，这容易使孩子形成说话不负责任、说谎、出尔反尔的坏习惯，并且在孩子长大后，容易变得没有安全感，优柔寡断、缺少主见。所以父母不能随便跟孩子开玩笑，答应孩子的事情要尽量做到。

2. 要注意保护孩子

有时候，父母不得不面对成年朋友"逗弄"孩子的情况，虽觉得对孩子影响不好，但为了面子，又不好意思开口制止，结果对孩子的心灵造成了伤害。对此，父母可以采用岔开话题的方式温和地制止爱逗孩子的朋友，如果实在不好意思，可以找个理由带孩子离开。

3. 转换认知法

孩子的情绪容易受大人的影响。当孩子因开不起玩笑而出现消极情绪时，父母不妨先让孩子通过哭泣的方式发泄出来，之后再用积极的情绪感染孩子，培养孩子广阔的胸襟。比如可以告诉孩子："别人叫你猴子不要在意，这证明你动作迅速，行动敏捷！而且大家喜欢拿你开玩笑，是因为你太在意别人说什么，所以我们要大度一点，做一个开得起玩笑的好孩子。"或者告诉孩子："有绰号好啊，证明你是与众不同的，大家会对你的印象更加深刻呢！"通过这样的引导，转换孩子的认知角度，从而使孩子成为一个心胸开阔、心理素质强健的人。

此外，父母还需注意自身的言行对孩子的影响，如果自己不小心说了某个令孩子感到不太愉快的玩笑，父母就要对此向孩子做出解释，以消除对孩子的负面影响。

一点就着——暴脾气的"小恶魔"

　　"小薰，该起床了。"妈妈叫赖床的小薰起床，并顺便给她准备好了一套裙子。

　　"我不喜欢穿裙子，我今天要穿短袖和短裤。"

　　"是这一套吗？"妈妈给小薰找了一套运动类短袖、短裤。

　　"我要穿带小花和小猫咪的那套！"

　　"那套上周落在奶奶家了，明天妈妈开车带你去拿好不好？"

　　"我不要，我就要穿那一套！"

　　"乖，我们今天先穿这一套，这套多阳光啊！穿上特别漂亮！"

　　"我就要穿带小花和小猫咪的那套，您不给我穿，我就不去上学了！"

妈妈也火了，说："不穿，你就一个人在床上躺着吧！"

小薰一下子就大哭起来躺在地上打滚。

妈妈叹了叹气，说："真拿这孩子没办法！"

　　每个小女孩都是家人的"开心果"。不过，有时候孩子发起脾气来，会立马变成"小恶魔"，瞬间令父母不知所措。心理学认为，孩子乱发脾气是自控能力差、意志薄弱的体现。主要表现为：缺乏情绪管理，没有幽默感；对满意的事情往往沉默不语，对不满意的事情则喜欢通过发脾气的方式来解决；面对小问题总是沉不住气，稍有不顺心就发脾气、哭闹不止。那么，为什么女孩容易生气，爱发脾气呢？

1. 与心理状态有关

　　女孩爱发脾气与自身的身心发育有着密切关系。当孩子1岁时，刚刚萌发的好奇心使她们对周围的一切充满好奇，于是她们喜欢去进行各种尝试，但是父母为了孩子的安全，总是限制孩子的行为，这令孩子感到十分懊恼。当孩子2岁时，随着自我意识的崛起，她们凡事喜欢自己来，但由于能力有限，于是就会自己把自己气到。孩子3岁时，由于缺乏语言表达能力，再加上逆反心理的出现，在她们的行为受到约束时，就容易发脾气。而3岁以后的孩子多是因为欲望得不到满足而出现大发雷霆、不达目的誓不罢休的情况。

2. 受到忽视或不被理解

很多孩子将发脾气作为一种要挟父母或老师的手段，借以满足自己的欲望或需求。比如，有的孩子在幼儿园乖巧可爱，可回到家后就变得十分任性。这背后的原因可能是孩子上幼儿园没有父母陪伴，回家后通过发脾气的方式引起父母对自己的重视，要求父母陪伴自己。

3. 情绪受到压抑

情绪受到压抑也可能是孩子乱发脾气的一个关键。比如，孩子在幼儿园受到了老师的严厉批评，或者旺盛的精力得不到发泄，那么回到家后，任性哭闹便是她们发泄情绪的首选方式。

那么，面对情绪失控、任性无理的孩子，父母该采用怎样的方式才能让孩子改掉乱发脾气的坏习惯呢？

1. 了解孩子发脾气背后的原因

心理学认为，孩子非正常表现的背后往往隐藏着被父母忽略的因素。比如，很多时候是因为孩子还没有学会用语言表达自己的要求，或者自身能力达不到父母的要求。所以，父母要教给孩子正确的表达方式，缓解孩子的心理紧张与压力，慢慢让其学会情绪管理。

2. 疏导孩子的情绪

父母要注意的是，当孩子发脾气时，与孩子讲道理，埋怨、打骂孩子等方式都是无效的，反而会使战火复燃。因此，不妨先让孩子将情绪宣泄完毕，比如给孩子准备一支画笔，允许孩子涂鸦，给孩子准备枕头等柔软物品来发泄等。之后，父母可以通过拥抱或者拍一拍孩子的肩膀的方式来安抚孩子。

3. 坚持自己的原则

解决孩子发脾气的原则是：对于孩子正当、合理的要求，父母应积极主动地满足；而对于不合理的要求，父母则坚决不能满足，不能因为孩子不停地哭闹就轻易缴械投降。如果这次放弃自己的原则，那么，孩子就会明白发脾气是对付父母最好的武器，从而变本加厉，索求无度。

最后，父母还需注意的是，在孩子停止发脾气的时候，要及时表扬孩子，以强化孩子的良好行为；另外，父母还需告诉孩子，随便发脾气是不尊重他人的表现，应该向对方致歉，以此提高孩子的自我负责意识，做好自我情绪管理。

"我不要妈妈离开我" ——分离焦虑症

自从乐乐出生后，妈妈就全职带她，专心地照顾乐乐的衣食起居，俩人从没分开过。在妈妈眼里，乐乐就是一个小"跟屁虫"，妈妈走到哪里，她就跟到哪里，只要妈妈离开一会儿，哪怕是做个饭，乐乐也会大哭大闹。转眼到了乐乐上幼儿园的年纪，第一天，她就抛给了妈妈一个大难题。在妈妈将乐乐交给老师后，乐乐突然抱着妈妈的腿，怎么也不让妈妈离开。在妈妈强行离开后，乐乐不吃不喝哭了很久。好不容易等到傍晚妈妈接她，她又委屈地哭了起来，之后她再也不想离开妈妈一步，只要看不见妈妈，乐乐就会大叫："妈妈在哪里？妈妈去哪里了？我不要妈妈离开我。"

乐乐时刻黏着妈妈，排斥去幼儿园的现象就是典型的分离焦虑。分离焦虑是指孩子与依赖对象分开时所表现出来的一种焦虑不安的情绪。心理学研究发现，分离焦虑是儿童心理发展过程中普遍存在的现象，女孩较男孩更容易出现分离焦虑。那么，为什么孩子会出现分离焦虑呢？

1. 成长的需要

年幼的孩子刚学会走路、跑步，并展现出强烈的自我意识，孩子正在逐渐适应这些复杂的感觉，此时，她们需要父母的加倍关注，一旦父母离开，孩子便会感到紧张，从而出现焦虑情绪。

2. 过度关注

父母对孩子的过度关注以及凡事包办的行为影响了孩子独立能力的发展，使孩子失去了主动探索世界的积极性，在她们看来，世界是不安全的，一旦父母离开，孩子便会觉得危险，从而产生深深的焦虑情绪。

3. 缺少关爱

很多父母平时忙于工作，只能将孩子交由爷爷奶奶或者保姆代为照顾，当父母离开时，孩子就会因为缺少父母的关爱而出现焦虑情绪。

一般来说，孩子出现分离焦虑是短暂的、可改变的，父母不必过于担心。但这并不代表父母可以对孩子放任不管，父母还需遵从一定的方式，科学地引导孩子，降低孩子的焦虑。

1. 做好分离缓冲

平时，父母要多与孩子互动，比如聊天、做游戏或者给孩子讲故事，让孩子明白爸爸妈妈是在乎她、爱她的，虽然爸爸妈妈做不到时时刻刻陪伴她，但是她一直在爸爸妈妈的心中，从而增强孩子的安全感。当父母外出时，要告诉孩子离开的时间和原因，等回来后，要拥抱孩子，并告诉孩子："你真棒，你在家不哭不闹地等妈妈，真是个好孩子！"经过几次训练之后，孩子就会明白：原来妈妈外出还会回来的！从而缓冲了孩子的情感波动和心理震荡，减轻了孩子的焦虑感。

2. 让孩子逐渐适应分离

让孩子适应一个陌生的环境或由爷爷奶奶照顾，对娇弱的孩子来说是一个循序渐进、慢慢熟悉的过程，父母不能过于着急。父母可以先让孩子适应短时间的分离，等孩子接受后，再逐渐延长分离时间。以入园的孩子来说，父母可在孩子正式入园前的半年左右，就有计划地增加与孩子分开的时间。比如将分离时间由半个小时过渡到一个小时，再延长到三个小时，逐渐让孩子适应妈妈不在身边的生活。另外，在送孩子上学的第一天，父母要明确地告诉孩子："妈妈要离开一会儿，但是在11点的时候，我会准时来接你的。"

让孩子清楚地了解与父母再次见面的时间，从而形成等待预期，减少焦虑情绪。

3. 教孩子学会处理问题和表达

很多孩子之所以焦虑，是因为她们在与父母分开后缺乏独立面对问题的能力，因而引发焦虑情绪。所以，父母要教给孩子一些处理问题的方法，鼓励孩子用语言表达内心的想法或者寻求别人的帮助。比如，教孩子学会穿脱衣服、穿鞋子、上厕所，教孩子在不小心尿裤子后，要告诉他人"我尿裤子了，我要换裤子"，而不是只用手拉扯裤子。这样，在学会这些处理问题的方法后，孩子就不会因为害怕面对此类困难而产生分离抵触和焦虑了。

4. 给孩子足够的时间适应新环境

对于那些入园焦虑的孩子来说，父母应给予孩子足够的时间去适应新的环境，适应妈妈不在身边的生活。父母不妨与幼儿园的老师沟通好，先带孩子去幼儿园了解一下环境，提前适应一段时间，鼓励孩子多与其他小朋友交往，陪孩子在幼儿园玩一玩，让孩子逐渐熟悉幼儿园的环境，从而在离开妈妈后不会因为不熟悉环境而紧张、焦虑。

输不起——孩子的蛋壳心理

　　5岁的欣欣是幼儿园中班的班长，在妈妈和老师的眼中，她是一个非常优秀的女孩。可平时一向表现不错的她最近却有些反常，总是闷闷不乐，甚至在家的时候，经常把自己关在房间里，不管妈妈怎么敲门，她都不回应。

　　欣欣到底怎么了呢？在经过妈妈和老师的仔细沟通后才知道，原来有一次上课的时候，老师认为欣欣的涂鸦不如乐乐的好，所以老师表扬了乐乐，没有表扬欣欣。欣欣可能受不了这样的小挫折，所以整天不高兴。

　　在了解了事情的起因后，妈妈确实发现原来热爱画画的欣欣，现在连画笔都不愿动了。小小年纪就这么脆弱，受不了一点挫折，以后该怎么办呢？

　　欣欣的心理特点是典型的蛋壳心理，这种心理是指孩子的内心非常脆弱，对挫折的忍耐力非常低，像蛋壳一样，承受不了一点外力，不堪一击。一般来说，孩子蛋壳心理的形成是多方面的：

1. 父母的溺爱

不少父母觉得女孩需要格外地照顾和保护，对孩子总是有求必应，凡事替孩子代劳，久而久之，女孩就形成了强烈的以自我为中心的心理和任性的性格，稍不顺心就会哭闹不停，受不了一点委屈和挫折。另外，有些父母不愿意看到孩子失败，为了让孩子开心，在和孩子玩游戏、竞赛时总是故意输给孩子，这种做法让孩子错误地认为只能自己赢，别人不能赢，所以一旦输了之后就会情绪低落。

2. 对孩子的期望过高

当父母、老师对女孩寄予过高的期望时，往往也带给了她很大的精神压力。她总是担心自己表现不好，影响大家对自己的看法，因此，便承受不了挫折。

3. 缺乏安全感

很多女孩输了就哭是因为她们缺乏安全感。她们怕失败的结局令自己无法肯定自己，这也就不难理解为什么好多女孩玩游戏失败时总是采用耍赖的方式来否定既成的事实。

从心理学的角度来看，女孩"输不起"是一种正常现象。这种现象在一定程度上体现了孩子的追求，比如她们总是希望自己是最优秀的，自己做得比别人好，从而获得别人对自己的肯定。这一点是可以理解的。但是因为孩子的心智发育还不健全，她们不会正确地看待自己的长处与短处，往往受制于情绪，所以就会发生只要自己做的不如别人好，或者输了某个游戏，就会出现消沉抑郁或者大发脾气的现象。长此以往，如果孩子每一次都对得失耿耿于怀，承受不了自己的失败，那么，这必然会影响到孩子身心的健康发展，同时对孩子的社会适应能力也会造成不良影响。

因此，父母要格外注重孩子的挫折教育，让孩子学会正确地面对生活中的每一个小挫折，提高孩子的耐挫力，帮助孩子排除"输不起"的心理障碍。那么，父母该如何对孩子进行挫折教育呢？

1. 让孩子学会坦然接受

随着孩子的成长，她们在生活中总会遇到一些挫折，比如受到批评、输掉比赛等。这些经历恰恰是孩子认识自己的机会，父母要珍惜这样的机会，教育孩子发现自己的优缺点，要孩子明白"胜败乃兵家常事"的道理。要教孩子学会看到别人的长处，向别人学习。同时也要鼓励孩子客观地评价自己。比如，在幼儿园，孩子可能因为跳得不好而没有被选入舞蹈队，面对这样的挫折，父母可以告诉孩子："虽然我们跳得不太好，但是我们画画却非常棒，这是你的优点。世界上没人能把每件事都做得非常完美，你能做到的一些事，别人未必能做到。"

2. 延迟对孩子的帮助

在平时的生活中要让孩子适当地接受挫折，当孩子遇到挫折时，父母不要立刻施以援手，而是要把面对挫折、解决困难的机会留给孩子。比如，当孩子因为积木倒塌而神情沮丧时，父母不要立马帮孩子恢复原状，而是要问一问孩子："你认为哪里出了问题呢？"从而引导孩子思考问题所在，帮助孩子找到解决的方法。再比如，父母还可以有意设置一些小难题，交给孩子去解决。举例来说，当孩子学会走路之后，父母可以有意设置一些障碍，让孩子学会跨越和躲避障碍。如果孩子失败了，父母要帮助孩子总结原因，告诉孩子如何做才能成功，借此增加孩子面对困难的勇气和毅力。

3. 让孩子别太关注结果

当孩子执着于某件事时，父母要告诉孩子不能太关注结果，要引导孩子多关注一下自己从中得到的收获和教训，这样，孩子才能以平和的心态面对输赢。

最后，父母还可以采用户外锻炼的方式来提高孩子对挫折的承受力，比如带孩子爬山、徒步等。通过这样的户外锻炼，孩子可以在逆境中激发内心的力量，从而提高心理承受力，变得更加坚强。

"我就不"——逆反情绪在作怪

> 莎莎马上3岁了，妈妈发现原本乖巧的她最近特别喜欢说"不"，这让妈妈感到非常疑惑。
>
> 比如，妈妈让莎莎吃饭，莎莎回答："不吃。"
>
> 妈妈让莎莎穿衣服，莎莎回答："不穿。"
>
> 妈妈责备莎莎弄坏了洋娃娃，莎莎回答："不是莎莎弄坏的，是妈妈弄坏的。"

很多父母都有这样的体会：一直是乖乖女的小宝贝，为什么在两三岁的时候突然变得越来越不听话，喜欢和父母唱反调呢？其实，女孩出现对抗情绪，凡事与父母对着干，是孩子成长的必经过程。一般来说，主要原因有以下几点：

1. 寻找自我存在感

随着孩子自我意识的发展，她们开始推翻原来的认识，建立新的认识：自己与父母并非附属关系，自己与父母是分开的个体。为了证明这一点，她们喜欢用对抗情绪来体验自我的存在，证明自己与父母并非一体。

2. 为了掩盖错误

心理学认为，在孩子的心智发展到一定阶段后，他们就有了自己的一套道德评判标准，她们会用这套标准与自己的行为进行对比，这是孩子社会化的一种外在反应。因此，当孩子发现自己犯错时，为了符合道德标准，避免成为大家所认为的"坏孩子"，她们便会采用对抗方式来反驳父母。

3. 情绪控制能力弱

低龄女童的情绪控制能力还不强，当她们对父母的判断、要求或者意见不满时，就会出现对抗情绪，比如顶嘴、哭闹等。

那么，父母该如何疏导孩子的对抗情绪，引导她们健康成长呢？

1. 探寻孩子对抗情绪的动机

当孩子出现对抗情绪时，父母不妨仔细地了解一下孩子背后的动机，是"我想做的事情你们不让我做，所以我不得不顶嘴"，还是"我不喜欢你们用这样的方式教育我"，当这样的不满隐藏在孩子心里的时候，她们就有可能产生对抗情绪或者对抗行为。

2．理解女孩的情绪

对于低龄女童来说，随着孩子自我意识的发展，她们会毫无理由地对他人说"不"。父母应该理解，这是孩子身心发展的需要，并非有意与父母作对。父母在了解这一点的基础上理解孩子，才能引导孩子顺利地度过反抗期。

3．不要强迫孩子

处于反抗期的孩子往往别人越是要求她做什么，她就越不去做，如果父母一味地强迫孩子，孩子的反抗情绪就会变得更加强烈。因此，父母应配合孩子，不要强迫。比如，当孩子想自己独立进行某项活动时，父母不妨在保证安全的基础上，告诉孩子一定的活动规则，然后允许她独自活动。这样可以提高孩子内心的满足感，减少孩子的逆反情绪。

4．坚持正面教育

当孩子出现对抗情绪时，父母可以采用讲故事、陪孩子读绘本、和孩子一起玩游戏的方式让孩子明白什么该做，什么不该做。比如，父母在要求孩子吃饭的时候，可以说："宝贝，我们一起来比一比，看谁吃得干净。"这样，就将对孩子的吃饭要求转化成了孩子乐于接受的游戏方式，孩子会更加乐于参与，用这样的方式减轻孩子的逆反心理。

总是不满意——期望得到更多的关注

小英今年刚满5岁，不知从什么时候开始，一向乖巧懂事的小英学会了挑剔和抱怨。每次和妈妈外出等公交的时候，她都不停地抱怨："这车怎么还不来！"她还特别喜欢管家里的大小事，吃饭的时候经常对妈妈抱怨说："怎么没有肉？""您怎么天天炒这几样菜啊？"气得妈妈说："我看你是不饿，饿了你就吃了。"结果，小英闷不吭声地躲到自己房间里去了，无论妈妈怎么叫她，她都不开门。

小英不仅向妈妈抱怨，见到爸爸也会抱怨"幼儿园的饭菜不好吃""老师给我系的鞋带太松了"……

一般来说，孩子的抱怨情绪不像难过、开心等表现得那么直观，抱怨的背后往往还隐藏着焦虑、生气等不良情绪。因此，分清孩子抱怨的类型，找到孩子抱怨的原因，父母才能帮助孩子甩掉抱怨的包袱。

1. 发泄情绪

孩子有时候并非针对某一件事情进行抱怨，而是一种情绪上的宣泄，她们更多的是希望得到父母的关注。这也就不难理解，为什么在听到孩子的抱怨后，当父母想帮助孩子解决问题时，却常常遭到孩子的拒绝。其实，她们抱怨只是为了让父母多听听她们说话。如果父母忽略了孩子的这个要求，孩子则容易产生抱怨情绪。

2. 得不到重视

每个孩子都希望得到父母的肯定，但不少父母对孩子的要求太高，总觉得别人家的孩子比自己的孩子优秀，在与孩子交流的过程中也总是不经意间流露出不满，这就容易给孩子留下被轻视的感觉，从而产生抱怨，比如，当孩子考试考不好后，害怕受到父母的轻视，孩子可能就会抱怨试题的难度等。

无论是抱怨糟糕的人还是糟糕的事，或是对自己不满，抱怨都不是明智之举，这种消极心态会分散人们对事情的注意力，让人不再为解决问题想方法，而是一味地怨天尤人，这是一种无能的表现。因此，当孩子出现抱怨情绪时，父母要及时制止孩子，并且通过一定的方法引导孩子加以改善。

1. 认真倾听

无论孩子抱怨什么，父母都不要粗鲁地打断孩子，而应认真、仔细地倾听，体会孩子抱怨背后的原因，多站在孩子的角度思考，想一想孩子的抱怨是否有一定的道理，并根据孩子的抱怨给出具体的解决方法。

2. 教孩子转变心态

当孩子抱怨时，父母要明确地告诉孩子，抱怨对解决问题根本起不到任何作用，而且爱抱怨的人传递的是负能量，是不受大家欢迎的，同时父母应该鼓励孩子学着去适应，告诉孩子，端正心态，世界就不会倾斜。比如，当孩子抱怨学校环境差的时候，父母要让孩子明白，并不是每一个孩子都能适应学校，但是人要学着去适应外在环境，教孩子转变一下思路，多找找在学校读书的优点，从而削减孩子的抱怨情绪。

3. 建立情绪管理本

孩子抱怨的内容五花八门，令不少父母都摸不着头脑。"我的衣服又被泥溅了"或者"作业太多了，我什么时候才能做完！"其中的挑剔、牢骚都是显而易见的。针对这样的牢骚，父母不妨给孩子建立一个情绪管理本，指导孩子通过书写或者画画的方式把自己遇到的事情记录下来，比如将衣服被泥溅了这件事画下来，问一问孩子"为什么被泥溅了"，引导孩子思考一下怎样避免同类事情的发生。

—— • 第四章 • ——

生活行为心理

　　良好的生活习惯是孩子良好性格的基础，而好的
性格决定了孩子的一生，因此，父母培养孩子良好的
生活习惯，是不容忽视的。那么，孩子挑食、偏食、
消费无度、爱看电视、不讲卫生等不良行为的背后隐
藏的是什么心理呢？

"我不吃胡萝卜"——孩子挑食偏食要纠正

　　小雅今年4岁半，她长得瘦瘦的、小小的，像根小豆芽。对小雅来说，生活中最令她头疼的便是吃饭这件事了。比如，在幼儿园的时候，其他小朋友十几分钟就能吃完，而她则要挑挑拣拣吃半个小时。

　　周六，妈妈为了给小雅补充营养，就在家给她做了一桌子饭菜。小雅用眼睛瞟了一下，毫无兴趣地对妈妈说："妈妈，我不喜欢吃胡萝卜，我不喜欢吃青菜，我喜欢吃鱼，您没给我做鱼，我不吃了。"听小雅这么说，妈妈苦口婆心地告诉小雅吃胡萝卜的好处，可小雅依然无动于衷，在妈妈的强迫下，她吃了一口，可刚放到嘴里就"啊"的一声吐了出来。

　　在现实生活中，不少女孩像小雅一样，无论妈妈采用怎样的方法威逼利诱，在吃饭问题上，孩子总是没有什么改观，一顿饭下来，挑食偏食、边玩边吃甚至是不吃的现象特别多。那么，孩子为什么不能好好吃饭呢？

1. 生理问题

女孩年龄尚小，胃容量不大，胃内食物排空需要3个小时左右，这样到了吃饭时间她们才有强烈的饥饿感。但如果孩子吃饭不定时，闲暇时间总是吃零食，那么胃部就会总有食物，这样哪怕到了吃饭时间，孩子也没有胃口，自然会对食物挑三拣四。

2. 受父母饮食习惯的影响

很多孩子挑食是受父母饮食习惯的影响。如果父母在孩子面前总是排斥某种食物，孩子自然也容易形成同样的饮食习惯。

3. 把吃饭当游戏

很多孩子认为吃饭就是玩游戏。在自己饿了或者心情不错的时候就吃几口，而一旦自己不想玩了，就会出现边吃边玩、挑三拣四的行为。当父母批评教育她们时，她们也会把与父母的对抗当作一种游戏。

试验证明，孩子在童年养成的饮食习惯会持续影响其成人后的饮食习惯。同时调查还发现，长大后肥胖的儿童在小时候多半不喜欢吃青菜，而更喜欢食用高脂、高糖的食物。因此，父母引导孩子改掉挑食、偏食的坏习惯是非常重要的。具体来说，应该做到以下几个方面：

1. 保持耐心

父母可以将孩子不喜欢吃的食物放在桌子上，如果孩子不爱吃，父母先不用管她，自己可以先坐下来慢慢吃。孩子在看到父母津津有味地吃胡萝卜或者其他蔬菜时，她也会主动凑上来，一点一点接受自己不喜欢吃的食物。

2. 烹制样式精美的食物

有时候孩子是因为食物对自己没有吸引力而拒食，并非讨厌它的味道。因此，为了孩子不挑食，父母就要练好厨艺。刚开始的时候可以从改变食物的外观做起，比如在做鸡蛋羹的时候放入胡萝卜条或者花朵样式的胡萝卜，用米饭堆砌一个小熊猫的形状，这些方式都可以令孩子在好奇心的驱使下愉快地进食。

3. 控制孩子零食的食用时间和食用量

有些孩子挑食、偏食，是因为吃多了零食的缘故。因此，父母应控制孩子对零食的食用时间和食用量，可以吃，但一定要少吃，绝对不能影响到三餐。

此外，父母还可以鼓励孩子参与到做饭的过程中去，从而一步步地爱上吃饭。比如，父母可以带孩子逛一逛菜市场，教孩子认识各种各样的蔬菜，之后，让孩子帮忙择菜……开饭的时候，告诉孩子"这是我们共同的劳动成果"，激发孩子的进食兴趣。

"我的布娃娃去哪了"——孩子做事无条理

　　"妈妈，我的公主娃娃去哪里了，我找不到了！您快来帮我找一找。"小雨一边翻箱倒柜，一边焦急地问妈妈。

　　"每次我都告诉你，玩完了之后必须放回玩具箱里，你为什么不听呢？你先自己找，妈妈忙着做饭呢。"

　　抽屉、衣柜……小雨找遍了房间的所有角落，但还是没有找到。做完饭的妈妈进门一看，小雨把家里弄了个天翻地覆，顿时怒火中烧，生气地对小雨说："我刚打扫完房间，你能不能珍惜一下我的劳动成果！"听到妈妈这么说，小雨"哇"的一声哭了起来。妈妈摇了摇头，真拿她没办法。

　　生活中有不少孩子都像小雨一样，喜欢将各种物品乱扔乱放，毫无条理。结果到了用的时候又找不到，孩子着急，大人生气。面对混乱无序的孩子，家长感到很无奈。那么，为什么孩子总是丢三落四，没有条理呢？

1. 环境影响

如果父母不爱收拾，将物品随手乱扔、乱放，那么在这种混乱的环境中成长的孩子自然也会受到影响，出现丢三落四、不爱收拾的情况。

2. 不重视孩子秩序感的建立

一般来说，孩子在4岁左右会出现秩序敏感期，这个阶段的孩子，对物品的归类和摆放问题表现得非常敏感。如果父母没有抓住孩子的秩序敏感期，不注重培养孩子的秩序感，那么孩子自然会出现凡事混乱的现象。另外，面对孩子的坏习惯，如果父母只是责备孩子却不教给孩子整理的方法，那么孩子也无法将东西收拾得井然有序。

做事有条理、物品摆放有次序，这种好习惯对于孩子的生活和学习来说是非常重要的。它可以帮助孩子形成一定的秩序感，让她们有条不紊地处理自己的学习和生活，节省她们的时间，提高效率。因此，父母要注意从小培养孩子凡事注重条理的好习惯。

1. 减少代办

很多父母认为孩子尚小，能力欠缺，做事容易出错，所以会主动帮孩子整理，并把这种行为当作是对孩子的关爱。其实，这种包办行为剥夺了孩子动手整理的机会，不利于她们养成爱整理、凡事有条理的好习惯。因此，父母在平时的生活中，可以多教给孩子一些整理物品的方法。比如，如何整理好桌面，如何摆放学习用品，如何整理衣物等。

2. 父母要以身作则

喊破嗓子，不如做出样子。父母要从自身做起，为孩子树立一个榜样。比如，在家的时候做到不乱扔乱放脏衣服，平时勤倒垃圾，将房间收拾干净等。

3. 帮孩子理清做事的顺序

父母可以仔细观察一下孩子，了解一下孩子是否明白做事的顺序，比如她是否知道先做什么，再做什么。如果发现孩子缺乏这样的能力，那么父母就要告诉孩子无论做什么事情都要按照一定的次序进行，并且可以利用计划表来帮助孩子纠正。比如，让孩子说一说当天要做的事情，然后按照事情的重要程度安排先后顺序。

计划要做的事情	重要程度

"我的衣服比你的贵"——孩子的攀比心理

苗苗和嘟嘟是一对好朋友。两个人天天在一起玩。一天，正在收拾卫生的嘟嘟的妈妈无意中听到了两个人的对话。

苗苗："嘟嘟你看，我的发夹比你的好看，我的发夹5元钱。"

嘟嘟："那有什么了不起的，我的发夹比你的贵多了。"

苗苗："我的短袖30元。"

嘟嘟："我的小衬衫50元。"

苗苗："我还有100元的衣服呢！"

嘟嘟："不管我要什么东西，妈妈都会给我买，我要让妈妈给我买一件200元的衣服！"

嘟嘟的妈妈被两个小公主之间的对话逗乐了，很明显，两个小姑娘在攀比。她很好奇：为什么小孩子之间会比来比去呢？

心理学认为，孩子之所以攀比，不外乎以下几种原因：

1. 引起别人注意

孩子都有着很强的表现欲，当她想吸引别人的注意或关注时，往往会采用攀比玩具、衣服等方式来表达自己内心的需要。

2. 模仿他人

孩子很容易因模仿他人而产生攀比行为。比如，成人之间会进行各方面的攀比，孩子耳濡目染，自然会受到影响。因此，当孩子聚在一起的时候，便会出现攀比零食、外表、衣服等行为。

孩子的心智发展尚未健全，对事物缺乏独立的分析和判断。如果父母对女孩的攀比行为不加纠正，那么，孩子可能会在攀比中迷失自我，不利于孩子的健康成长。因此，当孩子出现攀比行为时，父母一定要严肃对待，并且采用有效的方式加以引导和纠正。

1. 转移攀比点

很多女孩在向父母提要求时，总会说"她有的，我也要有"。此时，父母应该明白，孩子可能只是羡慕那个拥有某个玩具的小朋友，而并非自己真正喜欢或者需要这个玩具。孩子的出发点是，自己也要拥有一样的玩具，从而引起别人的关注。对于这样的孩子，父母可以采用改变攀比点的方式快速转移孩子的注意力。比如"佳佳有毛绒熊，可妈妈刚给你买了新画板啊！"通过这样的提醒方式，让孩子认清自己所拥有的东西，同时告诉孩子，对于无理的要求，父母是会说"不"的，这样孩子自然会放弃要求。

2. 杜绝要什么给什么

很多父母对于孩子的要求总是无条件满足，这只会助长孩子的攀比之风，无益于孩子的健康成长。因此，父母要让孩子明白想要得到必须付出的道理，告诉孩子金钱是通过自己的辛勤劳动换来的，并限制孩子的零花钱，花完不会再给。

最后，父母还需从自身做起，勤俭节约，不过度消费，自身做到不攀比，这样，女孩才能有一个好的榜样，慢慢改掉爱攀比的坏习惯。

衣服永远缺一件——消费无度的小公主

　　叶子今年9岁，长得漂亮又可爱。为了培养她的特长，最近妈妈给她报了舞蹈兴趣班，还顺便给她买了两套舞蹈服。可还没学一周，叶子就要妈妈再给她买几套，妈妈问为什么，叶子理直气壮地说："其他同学的舞蹈服都有花朵，您给我买的太单调了！我想要个红色的，然后再要一套带纱边的。"妈妈无奈地说："你的个子一直在长，买那么多，你穿不了就小了，这多浪费啊！"叶子一听妈妈这么说，就委屈地哭了："我想穿得更好看一点，妈妈您太抠门了！"

　　每到换季，叶子总是以衣服小了、旧了为理由要求妈妈给她买新衣服。看到一柜子的衣服，妈妈很无奈地说："是不是女人打小时候起，衣服就永远缺一件啊！"

　　爱慕虚荣、花钱大手大脚的现象在独生子女身上比较常见，究其原因，主要有以下几点：

1. 过度满足孩子

很多父母在面对孩子的要求时，不管是否合理，总是孩子要什么就给什么。结果，孩子认为钱来得太容易了，自然不懂得珍惜，于是花钱时便不加节制，挥霍无度。

2. 父母不让孩子接触钱

与过度满足孩子的父母不同，很多父母为了避免孩子养成乱花钱的习惯，平时不给孩子钱，什么都由父母准备好。这种做法导致孩子对钱缺乏概念，因为没有管理过钱，她们长大后也就更容易出现非理性消费。

心理学研究发现，儿童时期的理财习惯往往会伴随孩子的一生。因此，父母应该从小培养孩子理财的好习惯，使孩子形成一定的规划和自主能力，这对孩子以后的人生来说是非常重要的。那么，父母该如何做呢？

1. 告知孩子零用钱的使用原则

父母在给孩子零用钱时，要告诉孩子零用钱是可以自由支配的，但是对于支配原则，父母需让孩子清楚：

（1）每笔开支都需要向父母汇报。

（2）让孩子了解一下自己每月的花费。

（3）让孩子明白哪些钱该花，哪些钱不该花。

（4）如果零用钱使用超支，父母不会再做补充；如果有结余，孩子可以对其再次进行分配。

（5）一旦发现孩子乱花钱，扣除下月零用钱作为处罚。

2. 教孩子学会储蓄

孩子消费无度，主要责任在于父母没有培养孩子良好的用钱习惯。因此，父母可以从让孩子学会储蓄开始，慢慢提高孩子对钱的认识。比如，鼓励孩子将自己平时攒下来的零用钱存到银行。等达到一定数额时，再取出来用作日常花费或者旅游资金。这种方法在帮孩子养成节约的好习惯的同时，也会让孩子明白钱是积少成多的，从而体会到储蓄带来的快乐。

3. 让孩子当一当小管家

父母可以让孩子体会一下当小管家的感受。比如，给孩子70元钱，按照家庭所需购买一定的食物，在她出门之前，父母可以提示孩子，在买东西时要问一下自己：这个东西是不是必需品？是不是有更合适的替代品？怎样才能花较少的钱买到更合适的物品？并且教孩子列一个购物清单，根据自己的需要去购买，而不是看见什么买什么，让孩子精打细算每一笔开支。

"让我再多看一会儿"——小心电视孤独症

萱萱今年5岁，她最大的爱好就是看电视，几乎到了废寝忘食的地步。每天放学回到家就要看电视，如果父母不给她打开，她就大喊大叫；电视打开后，她就不让关上，否则又哭闹起来；有时候爸爸和她商量看一下足球节目，她也不同意；甚至还一边吃饭一边看电视。这令妈妈感到十分担心：女儿沉迷于电视节目，变得越来越不爱与人交流，这样下去，该怎么办呢？

不少父母发现无论给孩子准备多少玩具和图书，孩子还是更喜欢看电视。这主要是因为，对于孩子而言，包括视觉和听觉在内的神经系统正在不断发育，她们需要更多的刺激，同时随着孩子思维的发展，她们在理解了更多、更丰富的情感后，也希望获得更多的社会体验，而电视能充分满足孩子的内心需要。虽然对比日常生活，电视能给孩子带来更广阔的想象空间和身心刺激，但是长时间沉迷电视不仅会影响孩子的视力，还不利于孩子注意力的发展。

脑科学研究发现，当孩子看电视时，看上去注意力好像非常集中，实际上注意力会随着画面的切换呈现散乱状态，这将不利于孩子以后集中精力做好一件事情。

那么，当孩子沉迷于电视节目时，父母该采取哪些措施，让孩子科学地使用电视呢？

1. 严格限制孩子看电视的时间

2岁以下的孩子，最好不要看电视；2岁以上的孩子，每天看电视的时间尽量不要超过1小时。

2. 有选择地观看电视节目

如今电视节目五花八门、良莠不齐，并非都适合孩子观看。父母应该有针对性地帮孩子筛选一些适合孩子观看的节目，比如，帮孩子选择一些节奏慢，能带给孩子思考的少儿节目。另外，在孩子看完电视后，父母可以陪伴孩子再次回味、延展节目的内容，开发孩子的智力，加深她们的记忆。

3. 改善孩子看电视的环境

为了保护孩子的视力，在看电视时应为孩子开一盏5瓦左右的日光灯或者15瓦左右的白炽灯；将电视屏幕的亮度与对比度调节到令眼睛舒服的程度。同时，父母还要提醒孩子，不要趴着或躺着看电视。如果孩子看电视的时间比较长，父母还需给孩子补充一些富含维生素A的食物，比如西兰花、胡萝卜、红枣等。

4. 父母要少看电视

如果父母每天被电视迷住，那么很难想象孩子能经受住诱惑。所以，为了避免孩子沉迷于电视节目不能自拔，父母要以身作则，在管孩子之前先管住自己。另外，父母不能因为怕孩子哭闹，就把孩子交给"电视保姆"，这是对孩子不负责任的表现。父母应尽量抽出时间，陪孩子一起多参加户外活动，或者在家给孩子讲讲故事，陪孩子玩一玩游戏，转移孩子对电视的注意力。

"我不爱洗头发"——女孩要讲卫生

　　朵拉今年4岁，她特别不爱洗头发。每到洗头的时候，妈妈和她总会展开一场"战斗"。一天晚上，妈妈喊朵拉洗澡，朵拉揉了揉眼说："我要睡觉，我不想洗澡，我昨天刚洗完，为什么今天还要洗？我不洗！"妈妈严厉地对她说："你虽然洗了澡，但是你没洗头发啊，你都一周没洗头发了，你要是再不洗头发，我就把你的两条小辫子剪了！"听妈妈这么说，朵拉很生气，不理妈妈了。最后她被妈妈生拉硬拽着去了浴室，一边洗，朵拉一边喊："我不要洗头发，不洗头发！"

　　之后，过了几天，朵拉因为怕洗头发都不愿意洗澡了，因为好多天不洗澡，很多小朋友都觉得她身上有味道，不想和她玩。"朵拉不喜欢洗头发，她的头发臭臭的，我们不要和她玩！"

朵拉听到后，委屈地哭了，她告诉妈妈其他小朋友嫌她脏不和她玩，妈妈说："谁让你不讲卫生的！"

在现实生活中，很多小女孩像小男孩一样不爱洗澡，不爱洗头发。一般来说，孩子不讲卫生的原因主要有以下几种：

1. 受心理阴影的影响

孩子此前可能有过不愉快的经历，并在心里形成了阴影，因此排斥洗澡。比如，父母在给孩子洗头发时，不小心把洗发水弄到了孩子的眼睛里，因此，孩子以后可能就会因为怕疼而排斥洗头发。再比如，有的孩子在刷牙时不小心呛到了，或者受不了牙膏的刺激，因此不爱刷牙。

2. 受父母的影响

孩子的模仿能力非常强，如果父母不讲卫生，那么孩子在其影响下也难以养成讲卫生的好习惯。再或者，父母自身讲卫生却忽略了培养孩子讲卫生的好习惯，当孩子在父母身边时，孩子很干净、整洁，一旦离开父母，孩子就变得不爱干净。

对于孩子来说，卫生习惯不仅影响自身的形象，更关系到别人对自己的看法以及自身的健康。因此，父母要从小让孩子养成讲卫生的好习惯。

1. 进行对比教育

比如，父母在给孩子洗脸之前，可以让孩子照着镜子看看自己的样子，洗完之后再看看，通过对比，让孩子明白脏与净的区别。再比如，父母可以给孩子举例子，一个脏兮兮的小孩，一个特别干净的小孩，让孩子说一说喜欢跟谁在一起玩。

2. 给孩子讲明卫生要求

父母可以给孩子制定具体的卫生规则，并将规则以表格的形式张贴在家中的醒目之处。同时，父母要监督孩子执行，如果违规，应及时指出，帮助孩子改掉不讲卫生的坏习惯。

要求	原因	执行情况（做得好画5颗星星，做得不好画3颗星星，不做不画星星）
饭前洗手	如果不洗手，病菌就会随口进入身体，给身体造成不适	

3. 为孩子挑选舒适的卫生用品

如果卫生用品体验不佳，也有可能导致孩子因为排斥卫生用品而不愿意进行清洁。比如，牙膏味道太刺激，孩子可能因此不喜欢刷牙；擦脸巾质地太硬，孩子则可能不爱洗脸；等等。因此，父母要结合孩子的喜好为孩子选择一些舒适的卫生用品。

4. 给予一定的奖惩

如果孩子在讲卫生方面做得越来越好，那么父母可以给予孩子一定的物质奖励，比如送给孩子一套可爱的牙膏、牙刷，激励孩子继续保持讲卫生的好习惯。如果孩子在讲卫生方面毫无改观，那么，父母还可以对孩子小施惩戒，比如，不洗脸就不带孩子外出等，督促孩子改掉不讲卫生的坏习惯。

想要孩子养成讲卫生的好习惯，父母还需让孩子学会注意各种细节，做到防微杜渐。比如温水漱口、早晚刷牙、勤剪指甲、不随地吐痰等。只有督促孩子从微不足道的小事做起，抓好个人卫生，时间长了，孩子良好的卫生习惯才会随之建立起来。

—— • 第五章 • ——

习惯行为心理

很多父母经常抱怨孩子的坏习惯，比如，总是坐不住，没有一点专注力，做起事情来拖拖拉拉，胆小不敢尝试……那么，拥有坏习惯的孩子到底在想什么呢？

"三分钟姑娘"——女孩需要专注力

　　小月刚上幼儿园大班，是一个活泼可爱的小女孩。可是，妈妈发现小月的专注力非常差，简直就是一个"三分钟姑娘"。

　　一天，小月告诉妈妈她想画画，妈妈给她找了纸笔，让她画，可没画几笔，小月就坐不住了，她一会儿玩橡皮，一会儿拆画笔，最后还把画纸撕成了碎片。

　　妈妈看她不想画画，就和她一起玩起了游戏，可玩着玩着，小月又不想玩了，她一会儿要妈妈给她倒水，一会儿让妈妈给她买零食。这让妈妈感到很头疼。

　　生活中不少父母都有这样的抱怨：孩子无论做什么事情都是"三分钟热度"。让她看书她看不到一分钟就去干别的；给她讲故事还没讲几句，她就跑了；连玩个洋娃娃都玩不了两分钟，更别提做一些其他复杂的事情了。父母不禁疑惑：为什么孩子总是无法集中注意力呢？

从心理特征来看，孩子有着强烈的好奇心，她们容易被身边的事物吸引，不能长时间将注意力保持在一件事情上。另外，她们在做一件事时往往缺乏目标，不知道自己接下来要干什么，所以才会东张西望，注意力涣散。

当父母发现孩子不能集中注意力时，最好的办法不是与孩子对着干，强迫孩子专注于眼前的事，而是采取一些科学的方式对孩子进行引导，一步步地提高孩子的专注力。

1. 从一件事、一本书做起

父母不能因为爱孩子，就给孩子一次准备过多的图书或者玩具，否则，孩子的专注力可能就会在翻翻这本书，玩玩那个玩具的过程中被轻易消耗掉。因此，刚开始的时候最好只允许孩子读一本书或者玩两三个玩具，在她们读完或者玩得差不多的时候再给孩子做补充。

2. 不要打搅孩子

想要培养孩子的专注力，父母还需为孩子提供足够的时间和自由，让孩子自己去尝试，而不要随便打搅孩子或代劳。一般来说，孩子在做自己感兴趣的某件事情时，会表现得非常专注。如果父母总是打扰孩子，孩子就会失去耐心，容易半途而废。父母应从孩子一岁开始就注意保护孩子的专注力。此时，孩子刚开始了解外界，思维容易集中，专注力会比较高。

3. 给孩子制定目标

如果孩子精神不集中、做事三心二意，父母不妨给孩子制定一个目标，这对提高孩子的专注力来说是非常有效的。比如当孩子搭积木搭了一半想放弃的时候，父母可以和她互动一下，与她比一比看谁先搭完，这样就能充分调动孩子的积极性，将孩子的注意力再次转移到搭建积木这件事情上。需要注意的一点是，父母在给孩子制定目标的时候，一定要考虑到孩子的年龄与能力，不能给孩子制定过高的目标，以免孩子无法忍受压力，更加难以专注。

4. 根据孩子的年龄特点科学地培养

父母需要注意的一点是，在培养孩子专注力的时候，要考虑到孩子的年龄特点。一般来说，孩子年龄越小，注意力集中的时间也就越短：2岁儿童注意力集中的时长为7分钟，3岁为9分钟，4岁为12分钟，5岁为14分钟。因此，对于年龄比较小的孩子，父母不能苛求孩子长时间保持注意力，应以适度的原则，结合孩子的年龄逐步提高孩子的专注力。

"再等一会儿"——手脚不灵活导致爱磨蹭

小小是一个做事磨蹭的小女孩。早上起床，只要妈妈没有监督，她从穿衣服到下床能用一个小时。不仅如此，细心的妈妈结合小小在家的表现，还专门给她列过一个耗时表：

穿鞋，10分钟

洗脸刷牙，15分钟

吃饭，30分钟

……

不仅在家磨蹭，据幼儿园老师反映，小小在幼儿园做事也是从不着急，其他小朋友5分钟能完成的小手工，她能拖拉10分钟。老师教育小小要珍惜时间，提高效率，可小小却丝毫没有改变，依旧我行我素。这令妈妈感到十分着急。

在日常生活中，不少父母都有小小妈妈这样的烦恼：孩子不管做什么事情都很拖沓，无论父母怎么催促，孩子永远都是一副懒散、磨蹭的样子。那么，孩子为什么会出现这样的现象呢?

1. 注意力不集中

一般来说，儿童的注意力保持的时间比较短，她们极易被其他事情吸引而忘记手头正在做的事。比如，很多孩子在吃饭的过程中，注意力被窗外的吵闹声吸引，因此出现吃饭慢的情况。

2. 处于动作发展期

两岁左右的孩子之所以慢，是因为她们还处于动作发展期，肌肉和神经的发育还不完善，因而出现手脚不灵活、动作慢吞吞等现象。

3. 对事情不感兴趣

当孩子对某件事情不感兴趣时，也会出现磨蹭的现象。比如，孩子对画画不感兴趣，如果父母强迫孩子学习，她可能就会出现注意力不集中、行动缓慢的现象。

父母要明白的是，孩子动作慢，是相对于成人来说的，有时，虽然孩子没有达到父母的要求，但是对于孩子来说可能并不慢。但是，当孩子因性格原因而出现做事拖拉的情况时，父母就要注意进行引导和纠正了，否则孩子会因为做事拖拉的习惯影响到今后的学习和生活。

1. 帮孩子认识时间的概念

低龄孩子以具体形象思维为主，抽象思维对她们而言还难以理解，因此，她们难以理解时间的存在。父母可以借助现实中的具体现象帮孩子感知时间。比如，利用钟表的嘀嗒声帮孩子认识时、分、秒，通过观看日出、日落帮孩子认识时间。同时，父母还可以借助相片让孩子感受时间的流逝，通过孩子小时候与现在的对比，家中长辈以前与现在的对比，让孩子体会到时间的珍贵。

2. 用计数法来督促

计数法非常简单，父母可以随时操作。开始之前父母要告诉孩子，看自己数到哪个数字时，孩子可以完成。然后，父母要孩子做好准备，说"开始"之后就开始计数。"1、2、3、4、5……"，在数数营造的紧张气氛中，孩子就会抓紧时间做完。如果父母在数数时，孩子动作依然慢吞吞，父母则可以快速地数，让孩子觉得时间紧迫，自己要抓紧时间完成。在孩子完成任务之后，父母要给予一定的表扬。

3. 让孩子与自己比赛

父母可以与孩子设计一张"比赛表"，帮孩子记录下原来做某件事情的时间，然后再记录之后孩子每天做同一件事所用的时间，让孩子看一看自己与以前比起来有没有进步，如果连续一周都有进步，便可以向父母申请一定的奖励；如果没有进步，则不予奖励。另外，父母需要注意的是，比赛项目可以选用生活中最简单、最容易做到的事，在孩子完成目标之后，再给孩子提出难一点的要求。

不敢尝试第一次——孩子缺乏自信

芊芊今年4岁，最近她总是喜欢说"我做不到"这几个字。比如，妈妈让她自己穿衣服，她一直对妈妈说"我不行，我做不到"，听到她这么说，妈妈立马去教她穿，可是她还是说"我不行，我做不到"。不仅如此，妈妈让她帮忙择菜，她也说"我不行"。妈妈不知道芊芊怎么了，真拿她没办法。

在平时，父母常常发现孩子无论做什么事情都缩手缩脚，如果在旁边鼓励孩子勇敢去做，孩子便说"我不行"，父母越说，孩子越紧张、越退缩。孩子遇事不敢尝试、喜欢退缩的习惯，对孩子的学习和生活都会产生不利的影响，也会成为她个性发展的绊脚石。面对孩子遇事退缩的习惯，如果父母抱着"恨铁不成钢"的心态，强迫孩子去尝试，反而会使孩子更加害怕。因此，在帮助孩子改变之前，父母的首要任务便是找到孩子不敢尝试的原因。

1. 限制太多

如果父母平时对孩子过于保护或限制，她便会变得胆小，从而失去尝试新事物的勇气。比如，当孩子拿起剪刀时，父母会说"快放下，小心伤到自己"；当孩子尝试自己洗头发时，父母会说"我来帮你，小心洗发水进入眼睛"。日常的这种善意使孩子失去了尝试的自信，能力也日渐萎缩，不敢轻易动手尝试。

2. 父母过多包办

由于孩子年龄小，能力有所欠缺，父母看到她做事笨手笨脚后，就会不自觉地帮孩子去做。久而久之，孩子变得什么也不会做，父母因此获得了更充足的理由去帮助孩子，致使孩子落入不能自理的恶性循环。她们很难体会到自己动手带来的成就感，会觉得自己什么也做不好，无形中丧失了尝试的勇气。

3. 父母要求过高

有些父母对孩子提出了过高的要求，过度关注孩子的得失，当面对结果不佳时，父母一般会采用严厉的态度批评孩子，以期帮孩子改正或提高，但这种做法往往会导致孩子自我感觉不佳，自卑心理加重，以至于遇到事情就爱说："我不行，我做不到。"

遇事习惯退缩是一种不良行为习惯，它会影响孩子的身心健康，妨碍孩子个性的发展。因此，父母要及时地帮孩子纠正，在理解孩子的基础上循循善诱，这样，孩子才能变得自信、勇敢。

1. 及时排除孩子的心理障碍

随着孩子的成长，她们的内心有了小秘密。当父母发现孩子情绪苦闷时，要鼓励她尽情地诉说，不要对她不分青红皂白地进行斥责。同时，也不要给孩子贴上"胆小怕事""没出息"的标签，以免给她造成心理负担。只要父母耐心、温和地去对待孩子，她就能慢慢摆脱遇事退缩的心理。

2. 努力发现孩子的闪光点

每个孩子身上都有闪光点，父母要努力捕捉她的闪光点，并给予孩子肯定。同时，不能对孩子提一些超出自身能力的要求，要用宽容、积极的心态对待她，肯定她的每一次进步。比如，孩子能自己穿鞋子了，尽管鞋带穿错了鞋孔，父母也要及时地表扬她"宝贝，你真棒，会自己穿鞋子了，以后你会做得越来越好的！"而不是说"你瞧你，鞋带都穿错了，真是太笨了"。后者会严重伤害孩子的自信心，让她对事情失去兴趣，最终不敢轻易尝试。因此，父母要适当忽视孩子做得不太好的地方，多多鼓励她，这对提高她的自信心大有益处。

3. 对孩子说"你能行"

日常生活中，只要父母认为孩子行，并且相信她可以做到，她自然就会主动去动手探索、尝试，从而心智和能力都能获得较快的发展。所以，基于这一点，父母应该多多肯定孩子，并且要经常对她说"你能行"这句话，尽量满足她想自己尝试的意愿。孩子在有了锻炼的机会后，她改正错误、不断累积的成功体验也在随之增加，这样，她自然不会再把"我做不到"这句话挂在嘴边。

4. 多给孩子尝试的机会

父母应利用各种机会提高孩子解决问题的能力。比如让小一点的孩子自己学习洗脸、刷牙、穿衣等生活技能，鼓励大一点的孩子做一些她们力所能及的事情。如果孩子在做的过程中遇到了困难，父母一定不要代替孩子去做，而要让她体会到，成功是靠不断尝试和努力才换来的。

最后，还需注意的一点是，当孩子在做某件不太熟悉的事时，父母应注意在旁边观察，与她共同讨论可行的方法，引导她自己去做，而非替她完成。这样在给予孩子自己动手的机会的同时，也提高了她的自信，让她相信自己真的可以完成。

"我有……"——女孩喜欢炫耀

　　小玉今年刚满6岁，妈妈发现小小年纪的她特别喜欢向同伴炫耀。比如家里刚换了台电视，小玉立马跑出去告诉同伴小梅；爸爸刚给她买了双溜冰鞋，她也恨不得立马告诉班里所有的小朋友。而且，她拥有的一切都成了她炫耀的资本，比如羽毛球拍比别人大，或者比别人多得了几朵小红花，她都扬扬得意地向别人炫耀，甚至有时候还会取笑不如她的小伙伴。妈妈为小玉的行为感到很担心，怕她以后过于自负，不受大家的欢迎。

　　在生活中，我们经常会看到不少孩子都像小玉一样为自己拥有的东西而感到无比自豪。在孩子上幼儿园后，她们也喜欢向小伙伴炫耀自己："妈妈给我买了一条新裙子。""我有白雪公主的贴纸。""我会骑小自行车。"……那么，孩子为什么喜欢炫耀呢？

1. 心态健康的表现

儿童心理学认为，对于4岁左右的孩子来说，喜欢炫耀是一种心态健康的表现。当孩子生活在一个稳定、安全并充满爱的环境中时，她自然而然地会进行自我肯定。另外，当孩子想吸引别人的关注，让别人了解她所取得的成就时，她便会毫不掩饰地表现出自己的小骄傲，哪怕在父母眼中，她们的骄傲只不过是画了一幅画或者跑得比较快。同时，在她们的意识里，她们只能想到"我做得很好"，还意识不到自己的缺点。如果孩子自我赞赏是为了表达快乐，那么父母自然不必过于担心；如果孩子的自我关注比较极端，父母则应让孩子学会适当考虑别人的感受。

2. 无意识行为

在孩子上幼儿园后，她们由家庭生活走向集体，集体环境给予了孩子更多与同伴做对比的机会，她们喜欢用对比来展示自信。比如，她们喜欢说"我吃的比你快""我画的比你好"。一般来说，孩子并不是有意识地通过对比伤害别人，只不过她们还认识不到在进行自我赞赏的时候会使别人产生不好的情绪。

3. 受到过多或过少的表扬

如果一个孩子从父母那里得不到足够的认可，那么她便容易与同伴比较，并炫耀自己，也有少数孩子是因为经常受到父母的表扬，使她认为，只有不断地进行自我夸大和赞赏，才能证明自己的价值。

在生活中，父母要仔细地观察孩子的言行，以此分辨孩子到底是因为什么原因进行炫耀，从而更好地指导孩子。一般来说，父母可以按照下述方式进行：

1. 做好榜样

很多时候，孩子是通过模仿父母的言行而形成自己的行为举止。如果发现孩子喜欢炫耀，那么父母首先要反省一下自己是否对孩子起到了负面影响。在孩子面前，父母要尽量避免说一些抬高自己、贬低别人的话，以免孩子效仿，做出伤害别人自尊的事。

2. 恰如其分地表扬孩子

当孩子表现出色时，父母夸奖孩子是理所应当的。但是，父母在夸奖孩子的时候应该更看重她的努力和付出，而非对她说："你得到的奖状比其他小伙伴多"或"你的画笔比别人多"。恰当的表扬方式是告诉孩子："你画得真的特别认真，所以你最先画完了，并得到了奖状，继续努力，你还可以画得更好！"

3. 教孩子发现别人的优点

避免孩子自我夸耀引起别人不适的一种有效方法就是教她学会发现别人的优点。以画画为例，父母可以这样对孩子说："对，你画得不错，但是莉莉画得也非常不错啊，她画得不仅像，而且色彩用得也很到位，让我们一起去告诉她这次她都有哪些进步吧！"虽然，三四岁的孩子还不知道该如何夸奖别人，但是她能从父母的态度中学会如何尊重和考虑别人的感受。因此，父母鼓励孩子在接纳自我的同时，也要看到别人的优点，这是人生非常重要的一堂课。

"我不想做"——依赖性太强

辰辰今年读小学四年级，在妈妈眼里，她是一个特别懒惰的女孩。平时让她做点家务，她就想办法偷懒，不论怎么说，她都不动弹；学习很懒惰，每次做作业不到半个小时就喊累；学习中遇到难题从不动脑筋，不想办法去完成，总是应付；课堂上不记笔记，每次考试总喜欢抄袭同学的；每天都赖床，不管妈妈怎么叫她，她都不起。

懒惰，是每个人与生俱来的心理。这种心理的存在会令人犹豫不决、迟迟不行动，无法顺利地完成目标。一般来说，孩子的懒散心理包括行为和思想两个方面。行为方面主要体现为逃避劳动，不讲个人卫生，不能积极地完成学习任务等；思想方面则表现为不爱动脑思考，依赖家人或同学，缺乏责任感，没有进取心。

造成孩子懒惰的原因，主要有以下几点：

1. 父母的教养方式不当

客观来说，孩子懒惰心理的形成与父母的过分溺爱有一定的关系。平时，父母对孩子应该独立去做的事情大包大揽，导致孩子形成了严重的依赖心理："反正妈妈会帮我做""反正我不做作业还可以抄袭同学的""反正总有别人告诉我答案"。甚至孩子还会对别人帮助自己做事习以为常。另外，不少父母还会给孩子灌输这样的想法："你只管好好学习，其他的不用你做。"长此以往，孩子便什么也不想做了。

2. 孩子的个性特征

孩子缺乏克服困难的勇气，以往的失败经历使孩子总对自己抱有怀疑态度，对父母交代的事情或者自己学习上的事情躲躲闪闪，甚至连自己最愿意做的事情也会产生"怕麻烦"的心理，失去做事的信心和勇气，不想接受挑战。另外，不少孩子缺乏上进心，在得过且过的思想下，做事情马马虎虎，抱着"差不多"或者"能混过去就可以"的不负责态度，这必然会导致懒惰现象的发生。

3. 不良榜样的影响

有的父母平时做事拖沓，缺乏时间观念，没有养成勤劳的习惯，在父母"言传身教"的影响下，孩子自然也会形成懒惰的坏习惯。另外，如果孩子身边的朋友不以勤劳为榜样，而是选择投机取巧，那么，也会给孩子带来不良的影响。

懒惰是孩子学习和生活的天敌，对孩子的成长非常不利，父母应采取一定的措施帮孩子克服懒惰的坏习惯。

1. 给孩子订立一个目标

心理学研究发现，忙碌的人比懒惰的人更快乐，但是没有目标的忙碌则会扼杀这种快乐。因此，父母不妨帮助孩子订立一个目标，让孩子明确自己要做的事。以改掉孩子赖床的坏习惯为例，孩子平时7：30起床，父母可在第一周的时候要求孩子早起5分钟，第二周再比第一周早起5分钟，依此类推，通过将大目标分解成小目标的方式帮孩子改掉赖床的坏习惯。

2. 赋予孩子责任

治疗懒惰，赋予孩子责任是一种最积极有效的方式，因此，父母在平时不妨让孩子承担一定的责任，孩子在意识到自己的责任后，自然会产生一种动力，改掉懒惰的坏习惯。比如，利用孩子喜欢表现的心理，让孩子帮低年级的小朋友补习功课，在使孩子养成乐于助人的习惯的同时，培养孩子动脑思考问题的积极精神。父母还可以利用孩子的求知心理，让孩子种一些花草，每天观察、记录花草的生长状态，或者照顾家中的小宠物，定时喂宠物吃饭、散步等，让孩子体会到勤劳带来的快乐。

3. 给予孩子一定的自由

不管孩子怎么做，父母都不满意，孩子自然就会失去信心，做什么事情都会很懒散。因此，父母应该给予孩子一定的自由，让她们按照自己的计划进行，不要急于唠叨或督促，这样，孩子才能找到自己做主的感觉，消除精神压力。此外，为了提高孩子的做事兴趣，父母可以与孩子一起参与，让孩子一直保持饱满的情绪，克服懒散。

4. 制订计划

父母可结合孩子的实际情况，与孩子共同制订一套合理的学习或生活计划，并要求孩子严格按照计划执行，做到今日事今日毕，改掉明日复明日的思想。每个周末，父母可以问问孩子这一周的计划有没有完成，没有完成的计划，孩子准备怎样实现，督促孩子有效地利用时间。

── • 第六章 • ──

社交行为心理

　　心理学认为，儿童之间交往产生的作用，从某种意义上来说，更胜于儿童与成人之间的交往。因此，父母应该从多方面入手，积极地引导孩子，为孩子提供充足的社交机会，帮助孩子打造良好的社交氛围，提升孩子的社交能力。

"老师，他偷吃零食"——小小"告状王"

> 最近，妈妈发现5岁的圆圆特别爱告状。
>
> 圆圆与小表弟在一起玩，没过多久，圆圆就哭着跑来找妈妈告状，说小弟弟抢了她的玩具，还打了她的胳膊，她哭着说再也不想让小表弟来家里玩了。
>
> 而且，圆圆平时总能注意到一些"不规范"的行为，比如会经常对妈妈说："您看，那个小妹妹随地小便。""妈妈，爸爸又抽烟了。""妈妈，小妹妹拿了小强的玩具。"
>
> 除此之外，幼儿园的老师也向圆圆的妈妈反映，圆圆在幼儿园实在太能告状了。"老师，乐乐没有把饭吃干净。""老师，莉莉乱扔垃圾。"……

不少父母发现孩子在进入幼儿园后，特别爱告状，有时候是向老师打小报告，有时候则是回家向父母告状。"妈妈，云云在学校偷吃零食了，我没有吃。""小明碰了一下我的胳膊。"此时，面对孩子的告状行为，不少父母感到不知所措：不去理会吧，怕孩子真的受了委屈；认真对待吧，又怕孩子变得越来越脆弱。那么，孩子为什么喜欢告状呢？

1. 成长的必然

对于孩子爱告状的现象，父母不必忧心忡忡。心理学认为，爱告状多发生于幼儿时期，这种现象的出现是孩子心智发展以及融入社交的必然。随着孩子的成长，这种现象会逐渐消失。

2. 宣泄紧张情绪

有的孩子与小朋友发生了争吵或者受了委屈，便会向父母告状，希望得到父母的安慰和关怀，这其实是孩子宣泄不良情绪，以达到心理平衡的方式。

3. 引起父母的注意或出于嫉妒

比如，常有孩子告状说"他上课说话，我没说""他尿裤子了，我没有"等。此类型告状代表孩子有一定的是非观念，她们通过告状的方式来表现自我，或者吸引父母的关注。另外，有时候孩子也会因为嫉妒其他小朋友比自己强，在争强好胜的心理下，通过告状抬高自己贬低别人。

所以，父母应该认识到，爱告状既是孩子与人沟通的方式，又是她们缺乏独立处理问题的能力的表现。那么，父母该如何引导呢？

1. 学会聆听孩子的话

很多时候孩子会因为受了委屈而向父母告状，此时，如果父母随便敷衍，会使孩子更加委屈。所以，父母不妨静下心来认真地倾听孩子的话，不要打断或斥责她，可以温柔地注视着她的眼睛，拍拍她的肩膀，拥抱一下她，鼓励她振作精神，从而化解她内心的紧张，使她委屈的情绪得到释放。

2. 适当忽视

如果孩子已经养成了爱打小报告的习惯，父母可以采取一种严肃果断的方式来回答她。比如对孩子说："这点小事简直不值一提，你真的觉得这件事情很严重吗？""我觉得你在肯定自己优点的同时，也要认真思考一下这个小朋友的优点。"通过这种方式让孩子明白，每个人都有优缺点，不能只看到别人的缺点而忽视优点，同时也告诉孩子，她与小朋友之间的矛盾可以自行化解，没必要事无巨细地告诉父母。

"就不让你们好好玩"——爱捣乱是孤僻心理的表现

周六天气不错，妈妈带着娜娜下楼去找其他小朋友玩。来到一块空地上，娜娜发现有不少小朋友聚集在一起。出于好奇，娜娜立马跑了过去，可不一会儿，她就被其他小朋友赶跑了。

原来小朋友在用铲子挖土垒城堡，娜娜在大家快垒好的时候，一脚给踩烂了。其他小朋友气不过，纷纷找娜娜的妈妈告状，并且说娜娜是个坏女孩。妈妈严厉地训斥了娜娜，并要求她给其他小朋友赔礼道歉。可娜娜并没有听妈妈的话，转身把几个小朋友的铲子给扔了，还顺带踩了他们的小铲车。妈妈生气地对娜娜说："你怎么这么爱捣乱呢？你赶紧向大家道歉，不道歉没人愿意和你一起玩！"

心理学认为，儿童的捣乱行为是其孤僻心理的一种体现，该行为多发生于3～5岁，主要表现是喜欢用破坏行为阻止别人的活动。

如果孩子经常在社交中出现捣乱行为，那么她会逐渐被大家排斥，难以融入群体中，性格也会逐渐变得孤僻、偏执。那么，孩子为什么喜欢捣乱呢？

1. 为了获得父母的关注

很多父母忙于工作，缺少与孩子相处的时间。因此，当孩子想获得陪伴的要求没有得到满足时，就会采取扔东西、做鬼脸、给其他小伙伴搞破坏等行为来引起父母的注意。

2. 得不到便想破坏

当孩子想得到却得不到，或者看见别人有而自己没有时，便会出现捣乱行为。她们捣乱的目的是"我没有的，你们也不能有"。比如，在上述案例中，娜娜可能也想与大家一起玩垒城堡的游戏，但是羞于开口或者不知该怎么加入，因此，便通过捣乱行为破坏别人的劳动成果。

3. 嫉妒心理

嫉妒心理也是导致孩子出现捣乱行为的原因。比如当孩子看到其他小朋友画画比自己好时，便会在别人的画作上乱涂乱画；当孩子看到其他小朋友比自己跳舞好时，孩子就上台干扰别人……她们捣乱的目的是不能让别人优于自己。

由此可见，捣乱是儿童心理上的一种障碍，喜欢捣乱的孩子难以获得别人的尊重和友谊，不利于孩子良好性格的发展。因此，父母要采取一定的措施，纠正孩子的捣乱行为。

1. 父母要多关心孩子

如果孩子经常无故捣乱，那么，父母就应该反思一下：是不是自己最近没有关心孩子，以至于让孩子错误地认为，必须制造点动静来吸引父母的注意。对于孩子而言，父母的陪伴和关爱是她们安全感的主要来源，面对捣乱的孩子，父母不妨多抽出时间陪陪她，与她玩一玩游戏或者读一读故事书。总之，父母要用自己的行为告诉孩子，自己一直关注着她，这样，她的捣乱行为就会减少很多。

2. 改变孩子以自我为中心的意识

很多孩子凡事都以自我为中心，看见别人的玩具往往想据为己有，如果最后没有实现，便会出现捣乱行为。如果孩子属于此类情况，那么父母不妨也给孩子捣捣乱，增强她的同理心，让她更好地体会别人的心情。比如，当孩子在搭积木的时候，父母"不小心"将其推倒，或"不小心"弄湿孩子喜欢的布娃娃。这样就能使孩子明白，自己捣乱给别人带来的影响：积木倒了、布娃娃湿了，真伤心、真着急！

3. 给孩子找点其他的事情做

如果孩子喜欢捣乱，那么父母不妨给她找一点事做："妈妈觉得你可以安静下来去玩玩自己的布娃娃。""你能整理一下你的玩具吗？""妈妈记得你的画还没有画完。"通过转移孩子的注意力来减少孩子的捣乱行为，同时也是告诉孩子，自己还可以从其他事情中发现快乐，捣乱只会让大家讨厌自己。

4. 教孩子学会欣赏

一般来说，有嫉妒心理的孩子往往自尊心也比较强。此类孩子在看到其他孩子表现得比自己优秀时，往往会将内心的不服气转化为捣乱行为。因此，父母平时千万不能对孩子说"你看小明，他比你聪明多了！""你怎么这么笨呢！"之类的话，可能父母的出发点是让孩子变得更加优秀，但是这类否定的话极易伤害孩子的自尊。父母在引导孩子时，不妨换个说法："小莉喜欢将玩具分享给小弟弟玩，所以大家才会更喜欢她。""你看小明对同学是不是都很有礼貌？所以他才受到了大家的欢迎。"通过这样的启发，引导孩子去发现别人的优点。同时，父母也要肯定孩子自身的优点，比如："你现在也能做到将玩具分享给小朋友玩了，你真棒！"通过这样的正面引导，肯定孩子的正向行为，让孩子认识到，自己有别人没有的优点，从而减少捣乱行为的发生。

"不给你玩"——孩子自我意识萌芽

　　果子今年5岁，安静乖巧。但是有一点让妈妈感到十分头疼，那就是果子不懂得分享，十分小气。

　　一天，邻居小宝来找果子玩。妈妈从玩具箱里找出了一个电子钢琴准备给小宝玩，可还没走出儿童房，就被果子制止了："这是我最喜欢的玩具，不可以给其他小朋友玩。"妈妈转身给小宝拿了一个果子不喜欢玩的小球，果子撇着嘴，对妈妈说："不能给小宝玩，这是我的宝贝！"妈妈笑着说："你不玩的玩具给小弟弟玩玩不可以吗？"果子说："我的玩具我都要玩，不能给别人玩。"一旁的小宝看到大姐姐不给自己玩玩具，默默地走了。妈妈感到很尴尬，对果子说："你怎么这么小气呢！以后没人喜欢和你一起玩。"

几乎每个孩子都有过这样的情况，拼命地护着自己的玩具，说什么也不给其他小朋友玩。在看到孩子的这种表现后，很多家长很着急："每天都对孩子说要与人分享，可她为什么总是这么小气呢？"要解决这个问题，我们先来看一看孩子拒绝分享的原因有哪些。

1. 父母引导方式错误

很多父母在把玩具或者好吃的东西分给孩子时，往往会对孩子说"玩具很贵重，不要随便给别人玩"或"在家吃完再出去，不能给别人吃"。还有的父母喜欢逗孩子"来，给妈妈吃一口"，孩子刚要把食物分给妈妈的时候，父母又对孩子说"你吃吧，妈妈逗你呢"。久而久之，孩子便不再把玩具或者食物分享给别人，甚至会认为，别人并不需要自己的东西，只是在逗自己，因此便会拒绝分享。

2. 孩子不懂借的含义

很多孩子之所以拒绝分享，是因为她们还无法区分"借"与"还"的概念，她们不知道借出去的东西还能完璧归赵，而是片面地认为，一旦将东西借出去，就意味着失去，再也不会拥有了。

3. 心智发展的必经阶段

心理学认为，儿童不愿意与人分享，是儿童构建自我意识、逐渐迈向独立的一个必经阶段。一般来说，儿童在2岁左右开始建立所有权概念，开始懂得"我""我的""我的东西"。在她们的意识里，一切以"我"为出发点，"我喜欢的就是我的"，因此，当其他小朋友来拿她的玩具时，孩子就会说："这是我的，不能给你。"

在了解了孩子拒绝分享的原因后，作为父母，该如何正确对待，引导孩子的行为呢？

1. 尊重孩子的意愿，不要强迫

心理学研究发现，儿童建立分享意识是一个缓慢的过程，她们的意愿会在这个过程中变得越来越强烈：12个月的幼儿会出现与人分享的意愿，18个月的幼儿会试图帮父母做一点家务，29～36个月的幼儿则会出现分享玩具的行为。因此，父母不必刻意追求分享，忽略孩子的意愿，强迫孩子将手中的东西分享给别人，否则分享就失去了意义。

2. 引导孩子发现别人的需要

父母可以对孩子说："宝贝，小妹妹很想玩一下你的洋娃娃，如果你给妹妹玩一玩，她一定会非常高兴的。"利用这种方式引导孩子发现别人的需要，体会别人的情感。另外，在孩子完成分享行为后，父母要及时给予孩子表扬："现在妹妹在玩你的洋娃娃，她非常高兴，过一会儿她会还给你的，你真是一个乐于分享的好孩子！"通过夸奖强化孩子乐于分享的行为。

3. 让孩子明白东西会被归还

很多时候，孩子不乐于分享是因为在她们看来，借出去的东西就不会再回来了，从而缺乏安全感，拒绝分享。针对这种情况，父母可以通过和孩子玩游戏的方式纠正孩子的认识。比如，父母可以将孩子手中的小球借走5分钟，时间到了之后再还给她。通过此类游戏，让孩子明白，自己对小球拥有所有权和控制权，小球被借走后，自己并没有失去它，它还会回到自己的手中。

父母还可以从家庭着手，营造乐于分享的家庭氛围。比如，哪怕是给孩子买的零食，也要邀请其他成员一起享用，让孩子体会到，大家一起吃才更快乐，分享不是剥夺，而是一件能给大家带来快乐的事，从而让孩子爱上分享、乐于分享。

爱争抢——占有欲的表现

　　　　珠珠今年刚满3岁，妈妈发现最近她简直成了一个淘气包，最喜欢做的事就是与人抢东西。

　　　　一天，妈妈带着珠珠下楼去找小朋友玩，珠珠看到一个小妹妹拿着一包零食，立马就夺了过来，妈妈连忙对珠珠说："咱们家里有，在家不吃，怎么一出门就抢小朋友的呢？"好说歹说，妈妈终于把零食从珠珠手里要了过来，还给了小妹妹。可不一会儿，珠珠又把一个小姐姐的画笔抢了过来，气得小姐姐直跺脚，珠珠一边笑一边用画笔在自己手上涂抹，一眨眼就把自己涂成了大花猫，妈妈说："你玩完了吧，该还给姐姐了。"可珠珠用力摇了摇头，对妈妈说："这是我的，我不还给姐姐！"

　　2～5岁的孩子已经有了一定的物权意识，她们对所有的东西都有一种"争"的冲动，有些孩子甚至还会因为别人动了爸爸妈妈的东西而与其争抢，令人忍俊不禁。除此之外，孩子争抢行为的发生还有以下几种原因：

1. 以自我为中心

孩子2岁以后，自我意识开始形成，她们会完全以自我为中心，无法很好地区分自己与身边的环境，单纯地认为所有的东西都是自己的，只要是自己喜欢的，别人的也是自己的。此时，她们抢夺别人东西的行为完全是一种自我意识敏感期的本能行为。另外，大一些的孩子，父母的溺爱让她们形成了凡事以自我为中心的心理，给她们造成了一种不良心理暗示，即"我看上的所有东西都是我的"。于是，在看上别人的玩具后，就会以抢夺的方式夺回自己的所爱。

2. 孩子还不了解社会规范

比如，当孩子在画画时，她可能会为了某个颜色而去抢夺同伴的画笔，因为她还不懂得使用别人的东西要征得别人的同意。

3. 父母不正确的引导

很多父母在给孩子买了新的玩具后，总是告诫孩子不能随便给别人玩，或者在看到孩子的玩具被其他小朋友抢了之后，出于报复或者看热闹的心理，鼓励孩子"以牙还牙"，这也在无形中使孩子养成了抢夺的坏习惯。

对于孩子抢玩具的行为，父母不必太过慌张，与成人的自私不同，孩子的争抢行为会随着成长而逐渐消失。但是父母也不可大意，将其看成小事而放松教育，而应懂得利用这个特殊的阶段，教会孩子通过正确的方式去得到自己想要的东西。

1. 告诉孩子物品所有权的知识

父母要把物品所有权的概念告诉给孩子，让她区分自己与别人的东西。比如，父母平时可以问一问孩子"这玩具是谁的""小丽今天出门都带了哪些玩具""你今天有没有玩明明的滑板车"，通过这样的方式，让她明白物品的所属问题。在孩子有了一定的认识之后，父母要告诉她自己的东西属于自己，可以决定是否给别人，而别人的东西属于别人，未经别人的允许是不可以随意动用的。所有权的问题对于孩子来说是非常关键的，它可以帮助孩子管理好自己的东西，也约束孩子不轻易动别人的东西，时间久了，就会演变成一种自律精神。

2. 教孩子正确地提出自己的要求

对于3岁左右的孩子来说，当看到自己喜欢的东西时，抢夺是最直接有效的方法。对此，父母要在制止的同时，教孩子礼貌地提出自己的需求："你的玩具可不可以借我玩一会儿，我还会还给你的。"刚开始的时候，孩子可能羞于开口，可以由父母代劳，但是几次之后，父母就要鼓励孩子自己去询问。通过这样的方式让孩子懂得语言表达比抢夺更有效，讲文明、懂礼貌的孩子才能受大家欢迎。

3. 帮孩子建立交换意识

当孩子的请求遭到小伙伴的拒绝后，很多孩子往往会再次出现抢夺行为。为此，父母可以在孩子出门之前，让她带一个不经常玩的玩具，鼓励她与别人进行交换。比如用手中的小熊去换自己喜欢的玩具，让她体会交换带来的乐趣，同时也让她明白，想要获得自己喜欢的玩具还有很多方式，从而让她告别靠抢夺获得玩具的坏习惯。

4. 帮孩子建立合作意识

当孩子和别的小朋友一起玩沙子的时候，父母可以让一个小朋友负责挖沙子，另一个用玩具车负责运输。玩一段时间后，两个人再交换角色，通过这样的方式让孩子体会到与人合作的益处。

对于经常抢夺别人玩具、屡教不改的孩子，父母可以利用后果法让她体验一下因抢夺玩具遭到别人疏远的后果，并且告诉她："因为你总是抢玩具，所以大家不想与你做朋友。"从而让孩子从内心深处意识到自己的错误，改掉争夺的坏习惯。

爱和小朋友争吵——以自我为中心的缘故

丫丫今年5岁，是一个能说会道的小姑娘。可最近，妈妈发现，丫丫不仅能说，而且特别喜欢与小朋友吵架，经常把别人气哭。

一天，妈妈带她找隔壁的笑笑玩，刚玩一会儿，丫丫就与笑笑因为画画的问题吵了起来。丫丫："你画的画太难看了，应该涂红色才对。""不，它应该是绿色的。""太阳是红色的，怎么可能是绿色的，你也太傻了。"丫丫一边说，一边用手指着笑笑。笑笑哭了起来，说："绿色，绿色，我就涂绿色。"

幼儿园的老师也向丫丫的妈妈反映，丫丫常常为了一些小事与人争吵，比如，同桌吃东西弄脏了自己的小板凳，在做游戏时别人不小心碰了她，她都能与人发生口角。

在了解了孩子吵架的原因后，很多父母无法理解："孩子至于为这样的小事吵来吵去吗？"

可是，对于孩子而言，这样的琐事就是她们生活的一部分，如果父母不加以重视，她们就会觉得自己的生活受到了影响，从而整日闷闷不乐。那么孩子为什么喜欢争吵呢？

其实，日常生活中，孩子与其他小朋友发生争吵是再正常不过的事，原因之一是孩子语言表达能力差，无法清晰地表达自己的想法。其次，很多父母把孩子当作家庭的中心人物，孩子要什么就给什么，使孩子养成了不顾别人、想独占一切的坏习惯。当此类孩子聚集在一起时，出现争吵是在所难免的。从心理学的角度来看，这是因为她们往往以自我为中心，不了解对方的需求，无法接纳同伴的意见，因此，她们通过争吵的方式来了解对方的想法或者为自己辩解。再次，孩子还会利用争吵的方式激发自己的表达能力，从争吵中学习沟通，学会忍让和宽容，因此我们也就不难看到很多孩子会出现越吵越凶的情况。

一般来说，孩子争吵完之后会立马与小伙伴和好，并不会出现记恨对方的情况。因此，父母不必认为孩子的争吵是消极的，从而极力避免。相反，应将孩子的争吵当作一种人际发展的基础，在打好基础后，孩子才能学会采纳别人的意见，从而更好地待人接物。

因此，父母在教育孩子解决同伴冲突时可以采取以下策略：

1. 教给孩子一些化解冲突的方法

父母要有意识地教给孩子一些化解冲突的方法，比如，如何倾听别人说话，如何表达感谢和道歉，如何表达自己的愿望和要求等。在掌握这些基本技能之后，孩子才能更好地独立解决矛盾。比如，当孩子不小心碰到对方时，要主动道歉争取对方的原谅；当把别人的东西弄坏时，要主动修补；当把小伙伴弄哭时，要给他擦擦眼泪，把他哄开心；当小伙伴与你分享食物时，要表示感谢；等等。让孩子明白待人接物要谦和有礼，并且学会对自己的行为负责。

2. 用问题考一考孩子

当孩子经常与人争吵时，父母不可直接教给她处理的方法，而应一步步地引导她发现解决问题的方法。比如，当孩子与其他小朋友因玩具而争吵时，父母可以问问两个孩子到底该怎么办，并且鼓励她们想尽可能多的方法。通过引导，让孩子自己想出解决方案，她们才会更加容易接受。

3. 多问问孩子的在校生活

在幼儿园一天的生活中，孩子与其他小朋友发生争吵在所难免。如果孩子回到家后心情不好，父母需多问问她的在校情况，通过询问有针对性地帮她解决。比如："今天在幼儿园过得快乐吗？""和其他小朋友相处得怎么样？""今天遇到什么快乐/烦恼的事情，能和妈妈说说吗？""妈妈能帮你处理什么事吗？"

最后，父母还应正确地对待孩子之间的争吵，认识其中蕴含的教育价值，抓住孩子冲突的机会，为孩子提供解决冲突的方案，从而使她能愉快地与同伴相处，并形成良好的社交关系。

出门不爱说话——选择性缄默症倾向

多多今年4岁半，是一个聪明伶俐的小姑娘，在家的时候，多多总有说不完的话，可一出门，她就像变了一个人似的，不爱开口讲话。

一次，妈妈带多多去公园玩，遇到了同事，同事向多多打招呼，多多默不作声，妈妈说："多多，你向阿姨介绍一下自己啊！"多多摇了摇头，脸都憋红了也没有说出一句话，眼看多多都快哭了，同事连忙圆场说："孩子不想说，就别难为她了。"妈妈无奈地摇了摇头说："这孩子在家滔滔不绝，出门就缄默不语，真拿她没办法。"

在日常生活中，不少孩子都存在类似多多的情况，在家非常健谈，出门就不说话了；也有的孩子正好与之相反，在家不讲话，父母问话时用点头、摇头表示，而在外时却有说不完的话。这两类儿童都有选择性缄默症的倾向。该症是指已经获得语言表达能力的儿童，因环境、心理、精神等方面的影响而产生的交流障碍，一般多发于3~5岁的孩子身上。

心理学研究发现，当孩子身处陌生的环境、缺乏足够的自信和安全感时，很容易因为紧张不安而出现选择性缄默现象。此时，如果父母再要求孩子向别人问好或者打招呼，孩子可能会更加紧张，从而拒绝与人交谈。其次，选择性缄默还与孩子的个性有关，比如孩子敏感、胆小、害羞等。

心理学认为，选择性缄默是一种心理障碍，而非生理疾病，其实质是孩子出现了社交困难，而不是语言本身出现了障碍。

那么，父母该如何引导孩子，才能让孩子在外变得开朗、大方起来呢？

1. 角色扮演

每个孩子都有表演天赋，孩子在表演某个角色时，往往是自信的，她们会很用心地琢磨所扮演角色的特点。所以，父母不妨利用扮演的方式来教孩子学会表达。比如，让孩子扮演小主人，父母扮演客人，通过游戏让孩子体会不同场合的表达方式。

2. 给孩子找一个小伙伴

孩子往往在人多的环境中易出现选择性缄默倾向，而在熟悉的环境并且人少时，孩子的紧张感就会减轻很多。因此，父母可以给孩子找一个活泼开朗的小伙伴，利用榜样的作用，提高孩子对陌生环境和人群的适应能力。

3. 少包办，让孩子学会独立

孩子出门不爱说话，与父母的大包大揽有一定的关系。父母的包办无形中挫败了孩子面对陌生环境的勇气和能力，使孩子变得胆小、依赖。因此，父母要注意培养孩子的独立能力，不仅要鼓励孩子多与人交流，勇敢表达自己的想法，同时，还要让孩子独立解决一些生活中的问题。

4. 适当地安慰和鼓励孩子

心理学研究发现，身体上的接触可以缓解儿童在陌生场合的紧张状态。所以当孩子在陌生环境中表现出不适应时，父母可以拍拍她的肩膀，增加她的安全感，从而让她更好地融入群体中。

玩是孩子的天性。当孩子身处陌生的环境中时，在看到其他小朋友画画或者玩玩具时，孩子多半也会积极地参与其中，无拘无束地玩起来。因此，父母不妨让孩子在大家面前展示一下自己的优点，通过优点来达到放松的目的，这样，社交氛围就会变得轻松，孩子自然也不再拘束。

人来疯——想寻求大人的关注

    莉佳4岁半，是一个活泼开朗的小女孩，平时在家，她不哭不闹，很守规矩。可一旦家里来了客人，她就一刻也不消停。比如，妈妈让她跟客人打招呼，让客人落座，她却拿着遥控器，对着电视按来按去，直到找到自己喜欢的歌曲。妈妈越让她小声点，她就越大声。当听到大人讨论要去看某个芭蕾表演时，她更兴奋了，对客人说："阿姨，快看我！我会跳很多舞呢！"接着，就开始一个节目接一个节目地表演了起来。表演完了，又高兴地围着房间跑起来。客人笑着对莉佳说："你这么跑不累吗？"莉佳却答道："我不累，等我跑完，给您看我喜欢的玩偶！"妈妈无奈地摇了摇头说："这孩子一见人来，就没完没了地闹腾！"

    对于莉佳的一系列行为，相信很多父母并不陌生，这是典型的"人来疯"。当孩子"发作"起来，实在让父母头疼。心理学认为，孩子这种行为的背后主要有以下几点原因：

1. 大脑皮质发育还不完善

孩子容易出现人来疯，从生理原因来看，是由于孩子的大脑皮质发育还不完善，因此，非常容易兴奋。另外，孩子大脑神经的抑制能力还有待提高，因此，她们又容易出现兴奋起来就难以控制的现象。

2. 寻求关注

一般来说，2～4岁的孩子往往以自我为中心，她们希望随时得到父母和别人的关注。可家里来人后，父母出于礼貌的需要，会把客人放在第一位，此时，孩子便会感觉自己被冷落了，从而做出一些疯狂的举动，以此吸引父母的注意。

3. 自我社交行为的体现

很多孩子之所以表现得人来疯，是因为还没有学会成人世界的文明规则，她们内心对客人也是热烈欢迎的，只不过她们会用自己独特的方式来体现，比如不断地插话与客人讨论某个动画人物，或者将音乐放得很大声来表示对客人最真诚的欢迎。

虽然孩子的这种人来疯行为令不少父母感到生气，但是父母应该更多地认识到这种表现反映出来的积极的一面，比如孩子想与人交往的渴望，有勇气在他人面前展示自己，这是孩子打开内心，积极进行社交的表现。父母应在正确认识的基础上，用合理的方式去引导孩子，以使她们的行为更加合乎规范和礼仪。

1. 不要冷落孩子

父母在与客人交流时，不要忽略了孩子，可请孩子帮忙端茶倒水，并做小向导，介绍家中的物品或者给客人讲解最近的旅行等。这样做不仅可以满足孩子展示自我的欲望，同时还可以树立孩子的自信心，并且让孩子懂得一定的社交礼仪。

2. 暗示孩子的行为过分

在客人进门之后，父母要向客人简要地介绍一下孩子，并且要顺带着对其进行夸奖，比如"我家宝贝是一个懂礼貌的好孩子，很会自己玩！"如果此时，孩子在见到客人后变得非常兴奋，父母可以继续暗示孩子说："阿姨喜欢听话的孩子，你先自己玩一会儿吧！"与此同时，父母可拍拍孩子的肩膀，让她暂时回避。

3. 不要当场训斥孩子

对于孩子的人来疯行为，父母不要当着客人的面训斥。在客人面前，稳定局面才是上策。父母要明白，如果非要在此时教训孩子或者显示自己的权威，结果往往会令叛逆的孩子感到内心受到了伤害，从而变本加厉。另外，当面训斥孩子，在影响自己心情的同时，也令客人如坐针毡。因此，等客人离开之后再教育也不迟。

—— · 第七章 · ——
学习行为心理

很多父母经常为孩子的学习感到头疼：小小年纪怎么就不爱学习呢？ 学起知识来为什么总是不认真呢？……心理学家认为，没有天生不爱学习的孩子，只要父母结合孩子的心理发展规律，采取科学的引导方式，这些问题就能迎刃而解。

不爱学习？——孩子天生是爱学习的

　　洛洛今年6岁，在妈妈看来，她只知道玩，不知道学习。为了帮助洛洛提前适应小学生活，妈妈给洛洛买了很多书，并要求她坐下好好地读。可当妈妈把书桌整理好后，再看洛洛时已经跑走了。"洛洛，你去哪里了？"藏在门后的洛洛笑着说："我不看书，我不喜欢学习。"没办法，妈妈只能硬拉着洛洛让她坐下。可她拿起书随便翻了几下，就扔下跑开了。妈妈生气地说："你看小丫，她比你小两岁，人家都会背十几首古诗，认识五六十个汉字了，你呢，什么都不会！"说着，妈妈又把洛洛拉到了书桌前，郑重地对她说："宝贝，你得学点知识了，不然以后学习就跟不上了，来，妈妈陪你读！"妈妈刚打开书准备读给洛洛听，洛洛就转身跑了。妈妈无奈地摇了摇头："这孩子怎么就不爱学习呢？"

一提起学习，父母首先想到的是孩子正襟危坐，在书桌旁写写画画、认真读书做题的情景。一旦孩子离开书桌，父母往往就给孩子贴上"不爱学习"的标签。实际上，这种认识是片面的。孩子天生是爱学习的，刚出生后用眼睛观察身边的一切，几个月大的时候跟着妈妈学习微笑等，这些都能反映孩子是善于学习的。而且学习的形式有很多，并不仅仅局限于我们平时所说的读书认字，父母需要用各种方式引导孩子主动去学习。如果一味地强迫孩子规规矩矩地坐下来看书，反而会扼杀孩子的学习兴趣，起不到应有的积极作用。

3~5岁的孩子，头脑中有各种千奇百怪的问题，她们非常喜欢问"为什么"，而很多问题往往令父母不知该如何作答，孩子问得多了，父母往往就会表现出不耐烦的情绪，或者生气地责备孩子，久而久之，孩子就失去了探索学习的兴趣。

其次，有的孩子在学习中遇到困难后，父母讲解了几次，孩子还是没听懂，父母就会否定孩子说"你学习没希望了""你怎么这么笨呢"，这样的语言对孩子的内心造成了严重的打击，从而使孩子失去对学习的兴趣。

再次，父母对孩子的教育方式也对孩子的学习积极性有一定的影响。如果父母想让孩子学习绘画，但是当看到孩子把天空画成绿色的时候，却对孩子说："你画的什么啊，天空不应该是绿色的！"，这样的话不但打击了孩子的学习兴趣和求知欲，还让孩子变得不爱学习。

心理学研究发现，孩子的学习潜能遵循一种奇特的规律——天赋递减，即越早培养孩子的学习兴趣，孩子越能成才，反之，孩子的潜能就会滞后。那么，父母该如何引导孩子呢？

1. 尊重孩子，让她学习感兴趣的知识

父母千万不要强迫孩子按照自己所认为的最佳方式学习，而是要尊重孩子的兴趣和爱好，让她学习自己感兴趣的内容，否则，她便会产生排斥心理，从而丧失学习动力。比如，有些孩子喜欢动手制作，而很多父母认为，这与学习无关，是在浪费学习时间，从而限制孩子。其实，孩子在动手制作的过程中也需要思考，她们遇到不懂的地方就会查阅资料，增长知识，这实质上就是一种令孩子感到开心和满足的学习方式。父母不仅不应该进行阻止，还应该结合孩子的兴趣为她准备与此相关的书籍和实验材料，增加她的动力。

2. 寓教于乐，让孩子在玩中学

玩是所有孩子的天性，正是在玩的过程中，孩子增长了知识。因此，父母要充分利用孩子玩的过程，多给她准备一些教具，让她在玩的过程中增长知识，寓教于乐。比如，在孩子玩积木的过程中

教她认识形状、大小与颜色。这样，她不仅玩得开心，还可以从中学到知识。

3. 选用有趣的方式

在教孩子知识时，父母切忌采用填鸭式的教育方式，而应选用有趣的方式引导她主动学，让她充分地感受学习的乐趣。比如，当孩子对认字不感兴趣时，父母可以利用带她外出的机会，通过指认广告牌的方式教她认字。如果孩子喜欢玩洋娃娃，父母可以在纸上写"娃娃"两个字，贴在玩具上，让孩子识记。再比如，父母还可以通过录音的方式教孩子学儿歌、背古诗文等。这些有趣的方式都可以让孩子在不知不觉中爱上学习。

"我不喜欢这个老师" ——孩子厌师可能导致厌学

　　甜甜是一个爱说爱笑的孩子。不过，最近妈妈却发现一向活泼、可爱的她变得郁郁寡欢，连平时最喜欢的古诗都不爱读了。妈妈感到很纳闷，就问甜甜："你怎么不读古诗了呢？""背古诗有什么用，反正也参加不了学校的古文比赛！"妈妈感到很吃惊，继续问她："你都背了快一百首了，为什么不能参加？"甜甜生气地说："还不是因为张老师，太讨厌了，她不喜欢我，就没有让我参加！我讨厌她！"

　　带着疑问，妈妈找到了张老师，张老师听到甜甜妈妈反映的情况后，感到很惊讶，原来，班里刚来了一名新同学，这名新同学的语文成绩比较落后，为了激励他，老师才让甜甜把名额让给他的。老师之前也找甜甜谈过话，没想到甜甜误解了老师的意思，对老师产生了不满。

生活中不乏一些像甜甜一样因为不喜欢某位老师而拒绝听课、写作业的孩子。很多时候，父母对此一筹莫展。其实，只要弄清楚孩子不喜欢老师的原因，并结合一定的引导方式，就可以消除师生之间的误解，改变孩子因不喜欢老师而拒绝学习的情况。一般来说，孩子不喜欢某一位老师，主要有以下两方面原因。

首先，这与孩子的认知能力有关。当老师经常表扬那些表现不错的孩子或者主观提拔某个学生担任班长时，孩子便会觉得老师偏心，只重视表现好的而忽略自己，从而产生心理上的不平衡，于是，她们便开始排斥这位老师。

其次，孩子不喜欢老师也可能是因为老师教育方式不当引起的。比如，老师可能因为孩子犯错而当着全班同学的面对孩子进行严厉的批评，这伤害了孩子的自尊心，在孩子心里面埋下了不愉快的种子，进而排斥老师，采取各种方式与老师对着干。

另外，有时候则是因老师误解了孩子，没有及时承认错误，导致孩子一直耿耿于怀，对老师产生埋怨心理，从而不喜欢老师。

孩子因为厌师而导致厌学的现象令父母感到十分头疼。因此，为了让孩子重新回到正常学习的轨道中，父母应仔细观察她的日常表现，认真分析她的心理特点，找出原因，并结合一定的引导方式，让她"亲其师，听其言"。

1. 与孩子沟通要找到原因

父母需认真倾听，了解孩子不喜欢老师的真实原因。比如，老师误解了自己，受到了老师的批评，班干部落选，上课发言未被老师重视，对座位安排不满，老师讲课无趣等。在倾听的过程中，父母不要打断孩子，也不要急于否定孩子的情感判断，而要先让孩子完全表达完自己的观点，之后父母再给予孩子引导。比如，当孩子面临单词罚写而对老师产生埋怨时，父母可以这样开导孩子："我上学的时候也受到此类惩罚，也不喜欢老师，但是一想学习是自己的事情，如果我把知识掌握了，老师就不会再罚我了。而且，老师罚写，也是在帮助我，因为多写几次真的有利于记忆，你试试，说不定你一会儿就记住这几个单词了。"这样，孩子的注意力就会从对老师的抱怨转移到怎么尽快记忆单词上，从而理解老师的用心，不再排斥学习。

2. 角色体验

可以让孩子扮演一下老师，父母扮演学生，通过角色体验的方式，将心比心，让孩子明白老师工作的特点与难处。比如，孩子电脑玩得很不错，父母不妨让孩子教一下自己跟计算机有关的知识；如果孩子钢琴弹得不错，父母可以虚心求教，并要求孩子安排一下教学时间和内容，父母需达到什么程度才能过关。在自己当过老师后，孩子更能理解老师教育学生时的心情，拉近与老师的心理距离。

3. 与老师沟通

当父母发现孩子流露出厌烦老师的情绪时，应及时与老师进行沟通，听一听老师对孩子的评价，然后与老师共同商量一下教育方式。比如，孩子性格胆小、内向，上课时不好意思举手回答问题，但又渴望表现自己，希望得到老师和同学的认可，那么不妨将孩子的这种心理告诉老师，请老师多给她发言的机会，并多多鼓励她，从而建立她学习的信心。

此外，父母还应教育孩子将情绪与学习分开，不要把对老师的不满转移到学习上。比如，在老师批评自己后，首先要做的是分析自己为什么做错了，以后该如何改正，而不是去想自己怎么通过不学习的方式报复老师。此外，父母还应教育孩子尊重老师，让她明白老师也是普通人，也会犯错，明白老师不可能照顾到她各方面的感受，从而让她对老师的"不喜欢"转化为包容和感恩。

"我爱读书"——进入阅读敏感期

妈妈发现，今年刚过4岁的心心最近特别喜欢阅读。每天晚上，妈妈让心心早点睡觉，可心心对手中的绘本总是爱不释手，在妈妈催促过好几遍之后她才意犹未尽地放下。不仅如此，妈妈带心心去书店的时候，她总是兴致勃勃地翻个不停，哪怕是看不懂的书，她也会非常认真。

有趣的是，心心在阅读时，对于看不懂的文字，她还会自编发音。看到女儿这么爱读书，妈妈在感到欣慰的同时，又有点担心，害怕自己引导不好，让孩子失去兴趣。该怎么办呢？

心心热爱阅读的表现说明孩子已经进入了阅读敏感期。阅读敏感期一般在孩子4岁左右的时候出现，而有些智力较好的孩子则会提前进入。一般来说，只要孩子发育正常，一般不会超过6岁。

身处阅读敏感期的孩子会对阅读产生空前的兴趣，她们会积极主动地去阅读，从来不会觉得枯燥。这种早期的阅读不仅可以开阔孩子的视野，提高孩子的想象力和表达力，同时也可以帮助孩子获得社会化等方面的发展。所以，心理学认为，6岁以前是孩子阅读的黄金期。孩子未来能否养成良好的阅读习惯，关键在于有没有抓住孩子的阅读敏感期并对孩子进行科学的引导。

具体来说，父母可参考以下方法：

1. 为孩子选择感兴趣的书籍

兴趣是最好的老师，父母在给孩子选择书籍时应从她的阅读兴趣出发。一般来说，0～3岁的孩子喜欢颜色鲜艳的卡片、画报等，3～6岁的孩子喜欢故事类图书，7～10岁的孩子则喜欢情节复杂、曲折的故事书。10～13岁的孩子偏爱神话故事类书籍等。

2. 陪伴孩子阅读

父母是孩子的第一任老师，父母应控制玩电子产品的时间，平时宜多读书看报，为孩子树立榜样。周末休息的时候可以陪孩子一起去图书馆挑选自己感兴趣的图书进行阅读。对于孩子不懂的内容，父母可以与她坐下来，陪伴她阅读。经过不断地耳濡目染，孩子慢慢就能够爱上阅读。

3. 培养孩子良好的阅读习惯

很多父母都喜欢给孩子讲故事，但是这种单调的方式无法提高她的阅读能力。因此，父母不妨结合孩子喜欢的书籍利用"点读"的方式来提高她的阅读兴趣。具体操作方式是，父母可让孩子看着画报，用手指指着画报上的每一个字，一字一字地给孩子进行讲述，或者拿着孩子的小手进行指认，这种方式不仅带给了孩子良好的阅读体验，还可以在无形中增加孩子的词汇量。需要注意的是，在父母与孩子进行指认的过程中要做到绘声绘色地读，并结合肢体语言，表演给孩子看，久而久之，在这种良好的互动体验下，孩子的阅读兴趣便会持续高涨。

4. 让孩子复述一下故事

复述可以提高孩子的记忆力、表达力与逻辑思维能力，如果孩子能把一个故事复述出来，这代表孩子已经对所阅读的内容有了一定的理解和认识。在让孩子复述之前，父母可以放低姿态，问一问孩子："你读了什么故事？可以讲给妈妈听吗？"这样，孩子就会很乐意与父母分享自己的阅读，并且可能会越讲越起劲。

最后，需要提醒父母的是，不少孩子之所以不喜欢阅读，只不过是暂时还没有感受到阅读带给自己的快乐，因此，父母需要慢慢地对其进行引导，让她对书籍产生兴趣，尊重她的阅读需要，而不是强迫她，不然，阅读也就失去了意义。

总是做错——孩子马虎有原因

　　妮妮虽然是一个小女孩，可一点儿也不细心。做数学题时，经常把加号看成除号，而且经常忘记点小数点，甚至有时候只做了前半道题，后半道就落下了。妈妈为了让妮妮改掉粗心的坏习惯，规定她必须做完作业之后再拿出半小时的时间检查。妮妮听到妈妈的要求后，做起作业来更马虎了，她每写几个字就看一眼钟表。让妈妈感到生气的是，她竟然20分钟只写了两行字，还写错了五个，把"大米"的"米"写成了"来"，把"天空"的"天"写成了"夫"……

　　在平时的学习中，有不少孩子都有妮妮这样的表现：粗心大意、马马虎虎、做完作业不检查……

　　每次父母问时，孩子还会抱怨说："明明这个字会写的，因为粗心才写错了。""这个公式我记得很牢的，因为太马虎，结果才出了错。"

马虎是很多孩子在学习上存在的问题，究其原因，不外乎以下几种：

1. 基础知识没有掌握好

有时隐藏在孩子粗心背后的真实原因是孩子基础不牢。比如，一个孩子的作业本上出现了这样的运算："0×8=0""0÷8=0""0+8=0"。当父母给孩子指出错误时，她却说："零代表没有，任何一个数与零加减乘除结果都等于零。"因此，不难看出，孩子出错的原因是没有掌握四则运算的真正含义。当父母发现孩子粗心犯错时，一定要多问一下孩子为什么会出现这样的错误，以免"粗心"二字掩盖了问题的真相。

2. 应付心理

比如，父母规定孩子做完作业才可以出去玩，为了早点"解放"，孩子便容易产生应付心理，把原来能做对的题目也做错了。

3. 学习过度

如果孩子在做作业的过程中得不到休息，或者做完后又必须完成额外的学习任务，长时间的学习就会导致孩子身心疲劳，从而效率降低，错误增加。

那么，父母该如何督促孩子改掉粗心大意的坏习惯呢？

1. 为孩子营造安静的环境

一般来说，孩子的专注力都比较差。任何一点动静都有可能让孩子无法集中注意力。因此，父母要尽力排除干扰，为孩子营造一个安静的学习环境。如果发现孩子在写作业的过程中出现了抓耳挠腮、注意力不集中的情况，或者在做作业的过程中想要吃零食，那么，父母要态度坚决地告诉孩子："其他事情要在休息的时候或者做完作业之后才能进行，写作业的时候一定要专心，不能三心二意。"

2. 让孩子学会自检

不少父母怕孩子做作业出错，于是天天帮孩子检查作业。久而久之，孩子便会对父母产生依赖心理：我只要尽快做完就可以了，反正妈妈会帮我检查，在这种心理的作用下，孩子便不再对作业质量负责，做起题目来也马马虎虎，错误百出。所以，在孩子做完作业后，父母应尽量先让她自行检查，让她找一找自己的错误，或者在父母检查完她的作业后，在有错误的那一行做标记，让她再细致地检查，从而提高她的自觉性，摆脱对父母的依赖。

3. 给孩子准备一个错题本

针对做错的题目，父母可以督促孩子建立一个错题本，将错题、错因、正解等抄写在上面，以避免再犯。

4. 先复习再写作业

为了避免孩子因基础不牢而犯错，在她做作业之前，父母一定要她抽出时间再复习一下当天所学的知识：老师数学课讲了什么内容，公式有没有弄懂，上课都做了哪些练习题等。在孩子弄清楚这些问题后再去做作业，作业才能准确、快速地完成。

此外，父母还需帮孩子合理地安排学习与休息的时间，比如学习20分钟，休息10分钟。做到劳逸结合，避免孩子因疲劳而出错，这样，她的粗心问题才能得到有效解决。

见什么模仿什么——模仿是学习的手段

冰冰今年4岁，总是见什么学什么，特别喜欢模仿别人的一举一动。有一次，妈妈坐在书桌前写文案，冰冰也拿起纸笔画了起来，妈妈笑着问她："你在做什么啊？"冰冰一板一眼地说："我当然在工作了！"

还有一次，妈妈在读书，冰冰也模仿妈妈的样子拿着自己的绘本读了起来，越读越大声，妈妈责怪她说："别闹！"冰冰将妈妈的话当耳边风，依旧是妈妈做什么，她跟着做什么。冰冰的这种行为令妈妈担心，妈妈害怕冰冰学到一些不好的行为，也害怕她只会模仿别人，变得没主见。

从心理学来看，模仿是人类天生具有的心理机制，是人的一种本能。包括成人在内，我们每个人都在有意或无意中学习、模仿别人的行为。可以这样理解，模仿是学习的一种手段，也是我们不断创造的基础。

实际上，在孩子出生后，她就开始了模仿的过程。首先模仿的是父母的表情和发音，再长大一些就是肢体行为。比如，她们学会了如何平稳地走路，如何使用碗、勺等，这些行为都表示孩子在模仿的过程中，认知也随之得到了跳跃发展。因此，对于孩子而言，模仿是她们学习的重要渠道，对孩子的成长有着深远的意义，父母应该因势利导地让孩子在模仿的过程中学到更多的知识和本领。

1．利用模仿，增强孩子的各种技能

绝大多数孩子对成人的世界，比如对交通规则、各种物品的使用规则等感兴趣。当孩子流露出学习的兴趣或者不断地模仿父母的行为时，父母不要认为孩子是在添乱，而是应该抓住这样的机会教孩子各种知识和本领。比如，孩子喜欢模仿家人打电话，那么，父母可以借此机会教孩子学会1～9这9个数字；当孩子模仿父母读书看报时，父母可以停下来教孩子阅读绘本等。这都是提高孩子学习能力的好方法。

2．培养孩子的逆向思维

孩子的模仿思维是一种正向思维，父母可以反其道而行之，利用一些小游戏训练孩子的逆向思维，提高孩子的思维敏捷性。比

如，与孩子玩一玩"反动作"的游戏：父母说"举起右手"，孩子就举左手；父母说"往后走"，孩子就前进。总而言之，孩子必须和父母"反着来"才会赢。

3. 为孩子把好关

孩子缺乏一定的是非观念和辨别能力，对别人言行的模仿也不具有选择性。稍不注意，就容易学到一些不好的言行，影响身心发展。因此，父母要帮孩子把好关，让她有选择性地模仿，引导她学习好的，摒弃坏的，避免模仿行为带来的不良影响。

4. 从自身做起

孩子的言行几乎都是从模仿父母而来的。因此，作为孩子的第一任老师，父母应为孩子的学习与发展起到立体化的榜样作用。比如，父母想让孩子读书，不妨自己先养成良好的阅读习惯；父母想要孩子早睡早起，自己晚上就要按时作息；父母想要孩子做到勤俭节约，自己平时则需率先做到不浪费。父母的言行是一本无字教科书，对于爱模仿的孩子而言，起着潜移默化的作用。因此，父母应该发挥积极、正确的导向作用，培养孩子良好的行为习惯和学习态度。

涂鸦——孩子自由的学习方式

小暖非常喜欢涂鸦。她会拿起画笔画有三条腿的小狗，没有耳朵的小猫，黑黑的大树，还有蓝色的草地……她走到哪里就画到哪里，俨然一副小画家的模样。可喜欢画画的她却给妈妈带来了很多困扰：家里的地板、墙面都成了小暖的天然画板，甚至连白色的床单上也有小暖歪歪扭扭的画迹。妈妈觉得清理小暖的这些"画作"实在太费劲了，她不知道该不该继续让小暖画画。

儿童是天生的小画家。在孩子1岁左右的时候，她们就可以拿起笔画一些简单的图形；2岁的时候，孩子可以画一些更加精细的抽象符号，随着孩子的成长，她能画出各种各样的线条；在孩子4岁的时候，她们的涂鸦作品变得随处可见。

通过涂鸦，我们可以感知到孩子对这个世界的认识。对于孩子来说，通过涂鸦，她们还可以发展很多学习能力。

1. 提高观察力

孩子在画画的过程中，一般都会对事物有一个基本的认识，然后再根据事物的特点和自己的理解，对事物进行想象和构架。通过涂鸦，孩子的观察能力会越来越强。

2. 培养记忆能力

孩子更擅长形象记忆，而涂鸦正是形象记忆的最佳方式。孩子将自己观察到的、记忆中的形象用涂鸦的方式展示出来，这是一种由虚到实的过程，可以强化孩子的记忆能力。

3. 锻炼思维能力

涂鸦还可以提高孩子的思维能力，这是因为孩子在涂鸦的过程中可以接受多种事物的刺激，积累感性认识，从而令孩子的思维更加灵活。

4. 培养想象能力

孩子在绘画的过程中将原有事物进行加工改造，创造成新的形象，通过涂鸦，孩子的想象力可以不断得到提升。

那么，父母该如何引导喜欢涂鸦的孩子呢？

1. 支持孩子涂鸦

父母不能因为孩子乱涂乱画，弄脏了墙壁或衣服，就限制孩子的涂鸦行为。其实，孩子有着强烈的好奇心，她们不但画法多变，而且还会灵活地选择不同的"画布"。这些表现都代表孩子的大脑思维能力得到了进一步的发展。因此，父母不妨多支持一下孩子，为孩子营造一个宽松、活泼的绘画氛围。要知道，墙壁脏了可以重新粉刷，衣服脏了可以换洗，如果父母限制了孩子的涂鸦行为，那么，孩子的学习能力就可能会被随之扼杀。

2. 为孩子提供涂鸦条件

父母可以为喜欢画画的孩子提供画笔、颜料、画板等用品，让孩子自由地创作，父母只需在一旁引导就可以了，不能基于成人的认知干涉孩子的绘画内容。父母还要为孩子创造可供自由创作的环境，比如，在孩子经常"闯祸"的地方铺满白色的画纸，孩子画完一张撕一张。

3. 陪孩子一起画

很多孩子只能漫无目的地画一些简单的线条或者抽象的图形，在看到她这样的绘画作品后，父母不妨也拿起笔，对她的作品进行改编，对于孩子来说，这更像是一种有魔力的游戏。比如，在孩子画的黑点上再添几笔，改编成一只小猫的眼睛；再比如，在孩子画的圆形图案上添几笔，将其改画成一个盘子。这样的亲子绘画方式在锻炼孩子精细动作的基础上，也提高了孩子的绘画兴趣。

第八章

品格行为心理

俗话说："五岁成习，六十亦然"。对于孩子的一生而言，知识的欠缺尚可通过以后的教育去弥补，品格的养成却是从小就定型的，一旦养成便很难纠正。因此，父母只有从孩子的幼儿时期开始陶冶，才有希望在孩子的心中播下美好品格的种子。

"顺手牵羊"——没有清晰的物权意识

妈妈发现5岁的娜娜有点反常。一天放学回家后，妈妈发现她的书包鼓鼓的，就问娜娜："娜娜，你书包里装的什么啊？"娜娜回答说："当然是学校借到的绘本啦！"可隔着书包，妈妈猜测并不是绘本，于是在娜娜吃饭的时候，妈妈偷偷打开了娜娜的书包，意外发现书包里面装着写有其他同学姓名的画册、一个从来没有给娜娜买过的小熊，还有老师使用的教具。妈妈连忙问娜娜这是怎么回事，娜娜支支吾吾地回答："我很喜欢，我只不过拿来玩玩。"对此，妈妈严厉地批评了娜娜，并要求她把东西还回去。本以为娜娜会知错就改，可没过几天，楼底下小超市的阿姨找到了娜娜的妈妈，向她反映，娜娜从超市偷拿了一块巧克力。妈妈听到后非常着急，心想：为什么娜娜这么小就染上了偷东西的坏习惯呢？我该如何教育她呢？

德国心理学家勒温认为，人都有一种为了满足自己的需要而去完成某种行为的倾向，比如去阅读一本书，去解决一个难题，这被称为"心理张力"。在勒温看来，被唤起但未得到满足的心理需要产生一个张力系统，它会促使个人采取一些手段来达到内心的满足。低龄儿童的"偷拿"行为正是心理张力在起作用，即自己的内心无法获得满足时，采取"偷"的方式来获得满足。但4岁的儿童还处在凡事以自我为中心的阶段，并且缺乏清晰的物权意识，因此，幼儿的"偷拿"行为还不能上升到道德层面。

除此之外，以下几个原因也会诱发孩子的"偷拿"行为。

1. 吸引别人注意

很多孩子往往为了炫耀或者吸引别人的注意而去拿不属于自己的东西。比如，由于缺乏正确的认知，不少孩子将偷窃的成果分给小伙伴，以换取别人对自己的崇拜，达到内心的满足。再比如，很多家庭条件不错的孩子之所以出现偷窃行为，是因为缺乏父母的关心，情感得不到满足，只能通过偷的方式换取父母的关注。

2. 发泄负面情绪

有些孩子之所以偷拿，主要是为了缓解内心的不满情绪。比如，几个孩子在一起比赛画画，自认为画得不好的孩子可能趁别人不注意时，偷偷地拿走别人的画笔，以缓解自己的紧张情绪。

3. 寻求冒险刺激

不少孩子在寻求刺激的心理作用下也会出现偷拿行为。在她们看来，自己在偷拿了别人的东西后，别人却没有发现，这是一件冒险又刺激的事。

儿童心理学专家阿诺德·格赛尔在经过长达40年的研究后得出了这样的结论：直到孩子6岁，他们仍没有"你的""我的"的概念，所以6岁之前的偷窃行为都是短暂行为。在孩子7岁时，他们已经明白不该去动用别人的东西，虽然有时候还无法完全地克制自己；而8岁的孩子则对"对"与"错"的概念有了清晰的认识。这告诉我们，孩子的道德是一步步建立起来的。但这并不代表父母对孩子的"偷拿"行为可以坐视不管，虽然孩子的道德观发展需要时间，但是孩子的良好行为可以提前培养。

因此，对于孩子的"偷拿"行为，父母不要早早地给孩子贴上"小偷"的标签，而应在分析孩子心理的基础上，对她进行科学的引导，从而树立起她的道德观念，避免出现"偷拿"行为。

1. 给孩子建立物权意识

在孩子未经别人同意就将某物据为己有时，父母要以坚定、严厉的态度告诉孩子："东西是属于别人的，你不能因为喜欢就悄悄地拿走。如果非常喜欢，可以告诉我，我给你买或者通过交换的方式从对方手中得到。"父母还可以与孩子通过贴一贴的方式，强化她的所有权意识。比如，对于家中的物品，先让孩子明确归属问题，然后在该物品上贴上所有人的姓名，并告诉她："未经物品所有人的同意，不能擅自使用。"之后，父母还可以亲自示范给孩子看，比如在动用孩子的东西时，先征得她的同意，让她明白自己是物品所有人。

2. 让孩子认识到错误

面对孩子的"偷拿"行为，父母决不能采用包庇的做法，因为孩子在看到父母包庇自己的错误的时候，她们便无法认识到自己的错误或者觉得不管自己犯了什么错，父母都会替自己承担，从而变得更加无法无天。因此，在孩子"偷拿"别人的东西后，父母要告诉孩子未经别人同意"偷拿"别人的东西是一件可耻的事情，甚至还可以义正词严地告诉孩子："如果不改掉'偷拿'别人东西的行为，最终就会走向违法犯罪的道路！"

3. 利用孩子的羞耻心纠正

如果父母发现孩子"偷拿"了别人的东西，一定要督促她完成"还东西"的行为。"明天你一定要还给人家""如果你不好意思还，妈妈陪你一起还，或者妈妈帮你代还，你觉得怎么样？"这样既能保护孩子的自尊心，又能使她在还东西的过程中体会到难为情、不好意思、面子上挂不住，利用她的羞耻心，让她对自己"偷东西"的行为负责，提高她以后的自律意识。

4. 利用同理心进行纠正

父母可以利用同理心来纠正孩子的不良行为，让她产生内疚心理，意识到自己的错误之处，并主动改正。比如，当父母发现她"偷拿"别人的绘本后，父母可以这样对她说："某某小朋友丢了绘本，她哭了好久，她妈妈知道她把绘本弄丢了之后，骂了她一顿，她哭得眼睛都肿了……"另外，父母还可以把自己遭遇偷窃行为的经历说给孩子听，比如自己买菜时，被可恨的小偷偷了钱包，没钱买菜，也无法联系到别人，内心很焦急。心理学研究发现，利用同理心的方式纠正孩子的"偷拿"行为十分有效。

"他骂我，我也骂他"——为了发泄心中的不满

　　妈妈发现满满在跟别人聊天的时候，总会时不时地冒出几句脏话。一天，妈妈带她去参加同学聚会，并给她带了一个变形洋娃娃。老同学见满满玩得不亦乐乎，就对满满说："哇，小满，你的洋娃娃真的好厉害，可不可以教阿姨玩一玩呢？"满满高兴地点了点头，认真地教了起来。在教了几遍后，老同学故作不懂地把洋娃娃的头发扎错了，满满看到后，生气地说："你真是笨猪，教不会你！"这令妈妈感到十分尴尬，连忙对老同学说："这小孩脾气不好。"满满冲妈妈撇了撇嘴。

　　不一会儿，满满看到小伙伴不小心把蛋糕弄到身上，立马对她说："臭狗屎一样，你怎么这么白痴呢！"妈妈阴沉着脸，对满满说："再说，妈妈就带你回家了！"满满反击

道："你看，她就是笨蛋，这么小的一块蛋糕都能弄身上，不是笨蛋是什么？"妈妈打了一下满满的后背，满满大哭了起来，一边哭一边说："妈妈，你这个大傻瓜！"

很多父母在听到孩子说脏话后，会觉得很苦恼，很没面子，于是，父母往往强烈地禁止孩子说脏话："这么难听的话，小女孩怎么好意思说出口""你再说就别出去玩了""你再说我就教训你了"。可这并不见效，有时候，孩子反而会越说越起劲，父母也很无奈。其实，找到孩子说脏话的原因并对症下药，这才是解决孩子说脏话问题的关键。孩子说脏话常出于以下原因：

1. 模仿

孩子是没有是非观念的。"别人说脏话，我也说"这是孩子学说脏话时的常见心理。在孩子偶然听到别人说脏话后，她们往往不理解这句话的意思，就跟着学了起来。这是一种无意识的模仿行为。

2. 反击

当孩子到了三四岁时，她能初步判断事情的好坏对错，在语言发展方面，她们也由无意向有意发展。此时，孩子大多进入了幼儿园，接触的环境也更加丰富，语言环境也变得复杂。她们说脏话的理由往往是"他先骂了我，所以我才骂他"。比如，两个孩子在幼儿园发生了矛盾，为了发泄心中的不满，孩子就有可能采取"以牙还牙"的方式进行反击。

3．觉得有趣

当孩子发现自己说脏话能引起其他小伙伴的羡慕、父母的大笑或者批评时，她内心便觉得说脏话很有趣，因此便会出现父母越不允许她说，她说得越厉害的情况。

说脏话是一种不文明的行为，也是缺乏教养的表现，它直接影响人与人之间的交往。那么，父母该采取哪些措施来避免孩子的这种不良行为呢？

1．孩子说脏话时，父母不予回应

当年龄较小的孩子说了脏话后，父母不要发声，以免她将父母的回应作为一种正面的鼓励。此时，父母可不理会孩子，以冷漠的面孔对之，对她所说的脏话也置之不理，这样，孩子便不会将说脏话当作一件好玩的事了。

2．父母为孩子做好榜样

在听到孩子说脏话后，父母首先要反省自己，回想一下，平时是否因为自身冲动、自控力差等说了脏话，从而"言传身教"给了孩子。这也是纠正孩子不良行为的关键。如果父母偶尔犯错，不小心说了脏话，那么也要坦诚地向孩子检讨："刚才妈妈太冲动，不小心说了句脏话，妈妈的做法是不对的，以后妈妈会注意的。"父母要想教育好孩子，必须时刻注意自身的教养，严于律己，为孩子树立一个榜样。

3. 净化孩子周围的语言环境

在心理学中，将人们一旦脱离相关环境就失去某种能力的现象称为"安泰效应"。一般来说，孩子说脏话与环境有很大的关系。因此，父母要想让孩子改掉说脏话的毛病，不妨从她所处的语言环境入手。在听到孩子说脏话后，可以仔细地留意一下她是通过什么渠道学来的，是动画片，还是身边的某个人，然后采取一定的措施，帮她切断语言污染源。比如，父母可以帮孩子筛选一下动画片，避免她接触到暴力的节目；父母还可以联系一下幼儿园老师，借助老师的力量，监督、改善孩子说脏话的行为。

4. 教孩子文明用语

当孩子说脏话时，父母不能不分青红皂白地训斥她，也不必将她的行为上升到道德层面。父母可以教孩子用文明用语来表达自己的情感或思想。比如，父母通过给孩子讲故事、做游戏的方式教她使用文明用语。当孩子说脏话时，父母要用礼貌、严厉的语气制止她，比如"请你停止说脏话的行为""我不希望再听到你用这样的方式讲话"。用自己认真的态度感染孩子，同时也让她明白，自己在生气时也要像父母一样克制自己的行为，用得体的语言来表达情绪。

　　此外，父母还需提高孩子对不良行为的免疫力，教她明辨是非。同时，也要积极地教育孩子与他人友好相处，让她学会克制与包容，礼貌待人，不出言伤害别人。总之，父母要通过自己的耐心教导，让孩子从内心深处明白讲脏话是一种坏习惯，督促她从本质上改变，这样才能避免她养成说脏话的坏习惯。

不爱帮助别人——缺乏同情心

一次，妈妈和4岁的小沐坐在沙发上看电视，电视正播放一个贫困家庭的小女孩上不起学的故事。妈妈看了之后觉得小女孩非常可怜，就对小沐说："我们把不玩的玩具捐给小姐姐吧？"小沐不太情愿地回答说："我的玩具我都玩，没有不玩的。""那你把零用钱捐给小姐姐吧，你看她这么可怜，连学都上不起了。"小沐撇了妈妈一眼说："我的零用钱是用来买零食吃的，您怎么这么爱管闲事呢！"妈妈哑口无言，觉得小沐太没爱心了。

小沐的表现是缺乏同情心的表现。同情心是指一种对他人的不幸和痛苦状态产生的感情共鸣，以及对弱者关心、支持的情感。对于孩子而言，同情心是她们以后融入社会最重要的品质之一，也是进行其他社会活动的基础。一般来说，孩子在三个月左右的时候就已经萌发了同情心，比如她们会对其他孩子的哭声感到紧张不安，从而出现移情反应，自己也跟着哭闹起来。当孩子9个月时，看到其他孩子受伤了，自己也会寻求父母的安慰，并因同情而流眼泪。此时，孩子的自我意识还没得到充分的发展，往往会把别人的不幸当作自己的痛苦。孩子2岁的时候，就已能清楚地分清自己与别人，同情心也得到了极大的发展，比如一岁半的孩子在看到其他小朋友不开心时，在同情心的作用下，会将自己的玩具分享给别人，以此安慰别人。所以，孩子的同情心，越早培养越好。因为如果孩子缺乏同情心，她们往往会变得很冷漠，长久发展下去，还会形成自私型人格。比如体会不到父母的辛苦，不尊重其他人，对别人的不幸幸灾乐祸等。

一般来说，孩子缺乏同情心是由以下几方面原因造成的：

1. 极端的家庭教育方式

过度苛责或溺爱孩子都会导致孩子缺乏同情心。在不少家庭中，父母采取了极端严厉的教育方式，孩子稍有偏差，父母便会大声呵斥或惩罚，这样的方式阻碍了孩子同情心的发展，使她们对别人的不幸变得漠然，无法体会别人的痛苦，更不会关心别人。与之相反的则是父母溺爱孩子，凡事以她为中心，生怕她受到一丁点委屈。这样的方式容易造成孩子任性、蛮横的性格，她们遇事不会站在别人的角度考虑问题，因此也就难以理解别人的不幸。

2. 父母不注重培养

在不少父母看来，孩子的同情心并不是应该着力培养的重点。父母总是注重孩子的智力开发，而忽略她健全人格的培养，这也是她缺乏同情心的关键因素。另外，父母在与孩子交流时，缺乏一定的沟通技巧，只自顾自地将要求传达给孩子，而不注重孩子的接受程度和情绪，时间久了，孩子便会变得冷漠、自私。

3. 孩子的心理需求未被关注和满足

父母较少地关注孩子的内心需求也是导致孩子缺乏同情心的原因之一。如果孩子的需要总是得不到满足，那么，她的内心就会变得非常压抑，极有可能采取一些不当行为来减压，比如虐待小动物等，这样，就难以培养起孩子的同情心。

从小培养孩子的同情心，不仅有利于她的社交，同时还可以帮她形成健全的人格，让她从小就拥有良好的道德感和社会责任感，这对于孩子以后独立地融入社会是十分有益的。一般来说，父母可以采取下述方式培养孩子的同情心：

1. 通过故事引导孩子理解他人的感受

一般来说，3岁的孩子已经能理解别人的情绪，而6岁左右的孩子则能用准确的词语来表达自己的情感。因此，父母不妨利用讲故事的方式，多与孩子交流一些情感方面的内容，让孩子体会一下故事中人物的情感。比如在给孩子讲《卖火柴的小姑娘》时，父母可以问一问孩子："你觉得卖火柴的小姑娘是不是很可怜呢？从哪里可以体现出她的可怜呢？"通过故事引导孩子设身处地地理解别人的感受，往往会起到事半功倍的效果。

2. 让孩子学会关心家人

教孩子学会关心自己身边的亲人，培养她的同情心。比如，当家人生病或者心情不佳时，可以向孩子倾诉，并寻求她的安慰。比如，让孩子给感冒的妈妈拿杯水，提醒妈妈按时吃药等。每次孩子向家人表示关心时，父母都要诚挚地向她表示谢意。久而久之，孩子就会养成主动关心别人的习惯，更容易产生同理心。

3. 鼓励孩子去帮助他人

父母引导孩子帮助他人是培养她同情心的最直接的方式。比如，鼓励她帮助学习落后的同学，将自己的玩具赠予别人，为社会上的弱势群体进行捐款等。当孩子做出善意的举动后，父母要及时地表扬她，并将她助人的行为描写得越具体越好："你把不穿的衣服送给了小妹妹，真的太棒了，小妹妹穿上你的衣服后可高兴了！"通过表扬让孩子在帮助他人的过程中体会到快乐。

4. 学会对孩子说"对不起"

父母是孩子在生活中最常接触的人，所以父母应当对自己的行为多加注意，并以此来影响孩子。每个父母都会有做错事的时候，这时最好的方法就是诚恳地向孩子道歉。这样，孩子自身的内省力以及对他人的感受力和同情心就会大大增强。

俗话说："父母是孩子最好的老师。"所以，父母要想培养孩子的同情心，首先得严于律己，从自身做起，平时说话时要用温柔的态度，言谈举止间流露出温和与友爱，如此孩子就会模仿父母，以同样的方式去对待他人，成为一个有爱心、受大家欢迎的人。

"他画得难看死了"——孩子嫉妒心重

　　别看小语年龄小，可她的嫉妒心却非常重。一次，幼儿园举办画画比赛，到快交画作的时候，忽然听到小西哭了起来："老师，小语把我的画笔弄坏了。"老师立马找小语了解情况，小语瞥了小西一眼，用不屑的语气对她说："哼，你画得难看死了。"

　　老师判断小语是出于嫉妒，并将小语在学校的表现一五一十地告诉了小语的妈妈。晚上回家后，妈妈问小语为什么弄坏小西的画笔，小语却说："这几天，老师一直表扬小西画画画得好，没有表扬我，我有点不高兴了。"

　　老师的判断没错，小语的确是出于嫉妒才弄坏了小西的画笔。但是，面对气得小脸通红的小语，妈妈却犯了难：真不知该如何引导她，才能让她的心胸变得开阔起来。

所谓嫉妒，是指当别人在能力、品德等方面优于自己时而产生的一种不满和怨恨，是一种消极的心理现象。一般说来，比起男孩，女孩往往有着更为严重的嫉妒心理，在这种心理的驱使下，每当女孩看到他人的玩具比自己好，或者表现比自己好时，嫉妒心理就会发作，从而做出一些不恰当的行为。嫉妒心是人的一种本能，但是如果这种心理不加以纠正，就会演变成一种扭曲的病态心理。

孩子的嫉妒心理在一岁半的时候开始显现，此时，如果妈妈去抱其他孩子，她就会通过拍打或者抓挠的方式攻击那个孩子，以此来发泄嫉妒情绪。当孩子进入幼儿园之后，因孩子之间相互比较的机会多了，孩子的嫉妒心理也会随之变得更加严重。比如，有的孩子会把表现不错的孩子的东西藏起来，或者当老师夸奖其他小朋友时，孩子便大声地喊道："我画得也不错，我也会……"

像这样的例子非常普遍，这都是孩子嫉妒心理的表现形式。儿童心理专家经过研究发现，孩子嫉妒心理产生的原因有以下几种：

1. 人有我无

当别人拥有自己所没有的东西时，孩子便往往由羡慕心理转为嫉妒心理。

2. 总是得不到肯定

不少父母通常采用与人对比的方式督促孩子进步，比如"他做得比你好多了！""你怎么什么都不如人家呢？"这样的做法令孩子觉得父母喜欢别人多于自己，于是感情受挫后，往往产生不服气的心理，最终转化成嫉妒。此外，如果孩子做得比较好，但是父母没有及时地给予肯定，这种做法也会导致孩子内心压抑，从而变得心胸狭小、易于嫉妒。

3. 孩子好强

一般来说，个性好强、总觉得自己很优秀的孩子往往容易出现嫉妒心理，这是因为比起那些各方面都表现得比较"弱"的孩子，她们已经习惯了更多的关注，所以一旦别人成了焦点，孩子便会觉得被抢了风头，内心无法承受，因此产生嫉妒心理。

嫉妒是每个孩子都不可避免的心理问题，也是父母不能回避的问题。父母在加以重视的同时，还需用一些适宜的方式化解孩子内心的嫉妒。

1. 尽量不要拿孩子与别人做比较

在孩子的心中，父母具有至高无上的权威地位，所以孩子非常在意父母对自己的评价。因此，当孩子表现不佳时，可能父母的一个耸肩的动作、一个撇嘴的动作，甚至是一句无心的夸奖别人的话，都会引起孩子的误解。因此，父母要及时肯定孩子做得好的地方，尽量不要将她与他人做比较，以免引起她的嫉妒心理。

2. 帮助孩子正确地分析与他人的差距

由于孩子缺乏全面的分析能力，所以她们容易忽略其他因素的存在，而简单地将嫉妒归责于自己所嫉妒的对象。此时，父母应帮助孩子全面分析自己落后的原因，让她想一想是否可以通过努力缩小与他人的差距。比如，韵韵数学考试得了100分，父母可以帮孩子分析一下为什么她只得了80分，是计算题出错还是其他原因。然后每天补一补不明白的地方，告诉孩子下次说不定就可以考90分了，再努力一下，就可以赶上韵韵了。通过这种积极的方式告诉孩子，在别人领先后，自己要做的事情不是生气，而是树立目标，激发斗志，让孩子将落后的原因归于自己，从而化解她内心的不平衡。

3. 让孩子认识到每个人的优缺点

想要改变孩子的嫉妒心理，父母还需让她认识到人与人之间客观存在的差异性，让她明白每个人都有自己的优缺点，任何方面都比别人优秀是不现实的。在孩子认识到这样的事实后，父母还要引导她扬长避短，在生活和学习中进行自我肯定的同时，也要注意看到别人的长处，正确对待别人的进步和成就，并取长补短，与其他小伙伴共同进步。通过这样的引导，消减孩子的嫉妒心理。

想要消除孩子的嫉妒心理，父母还需具备包容、豁达的处世态度，不为日常生活中鸡毛蒜皮的琐事而斤斤计较。如果父母总是在孩子面前说一些带有嫉妒成分的怨言，那么孩子也会模仿父母的行为，最终，形成爱嫉妒的心理。因此，父母应为孩子做出积极的行为引导，时间久了，她便会在潜移默化中形成乐观开朗、包容他人的性格，从而减少嫉妒心理的发生。

孩子学会说谎了——思维能力的一种进步

　　一直以来，妈妈都认为弯弯是一个诚实的小姑娘。可这一段时间以来，妈妈却发现她特别爱说谎。妈妈明明看见她把画笔放在了楼道口，她却不承认，还说是其他小朋友放的。妈妈批评教育她，可是没有任何作用。

　　还有一次，弯弯要用玻璃杯接开水，爸爸提醒她说："不要用玻璃杯接开水，会烫着你的手！"可弯弯坚持用玻璃杯接。正好妈妈走了过来，弯弯转身就向妈妈告状说："妈妈，我口渴了，爸爸不让我喝水。"爸爸很惊讶，连忙解释说："我的宝贝，我什么时候不让你喝水了，你小小年纪怎么就学会说谎了呢？"

　　在日常生活中，不少孩子都像弯弯一样，经常与父母玩一些小把戏。当父母发现孩子用这样的小把戏达到目的时，多会非常担心：这孩子怎么学会说谎了呢？其实，孩子说谎，父母大可不必惊慌，只要仔细分析她说谎的心理原因，然后采取一定的引导措施即可。一般来说，孩子之所以说谎，主要有以下几类原因：

1. 无法区分现实与想象

对于3岁左右的孩子而言，她们的智力还处于不断发展的阶段，还无法区分现实与想象。同时，她们又有着丰富的想象力，所以，很多时候她们会将头脑中产生的想象当成现实中发生的事实。比如，很多孩子在外出游玩回来后，会告诉父母，自己见过白雪公主和小矮人。这并不是孩子在故意欺骗父母，而是她们心智发展的正常表现。

2. 逃避惩罚

由于孩子年纪比较小，心智还不健全，所以难免会做出一些错误的行为。此时，孩子由于害怕受到父母的惩罚，担心父母不再爱自己，从而出现说谎行为。尤其是面对一些性格暴躁、态度严苛的父母时，孩子往往因不敢承认错误而选择撒谎。

3. 模仿行为

孩子的模仿能力非常强，很容易因模仿身边的人学会说谎。比如，如果父母当着孩子的面说谎，那么孩子可能也会很快学会说谎。并且这种谎言普遍是真实的、有意的，是孩子不诚实的表现。

　　一般来说，孩子的撒谎行为代表她们的思辨能力与社交能力得到了一定的发展，并且证明她们已经能按照某些社会标准来对比自己的行为，也意识到该如何说、如何做才能达到目的。这种"无中生有"或"强词夺理"是孩子思维能力的一种进步。

　　比如，弯弯将"爸爸不让我用玻璃杯喝水"转述成"爸爸不让我喝水"，看似无意识的缩减，既补偿了自己不能用玻璃杯喝水的内心需求，又将责任转嫁到了爸爸身上。这是孩子思维发展与内心成长的积极的一面。但不可否认的是，撒谎是不道德的，如果父母不认真对待，孩子有可能就会形成习惯性说谎，进而影响到个人的健康成长。一般来说，父母在教育说谎的孩子时，应先弄清楚孩子说谎的原因，然后再对症下药。父母可采取下述方式进行教育：

1. 对孩子说话一定要算数

　　很多父母为了鼓励孩子达到自己的要求，往往会随口提出一些奖励："只要你自己独立完成作业，我周末就带你去动物园。""只要你好好吃饭，我就给你买玩具。"父母在对孩子许下这样的承诺后，很多时候由于工作忙或其他原因并没有兑现。这样的行为欺骗了孩子的感情，同时也极有可能导致她们说谎：答应父母独立做作业，却偷偷地抄袭别人的作业；答应父母好好吃饭，却偷偷地将吃不完的饭菜倒掉。

2. 严格对待孩子的第一次说谎

行为主义心理学认为，一个人能否不断地进行某一个行为，取决于该行为是否得到强化。如果得到奖励、快乐或获得了其他好处，那么行为便会得到强化；反之，则会减少或消失。

因此，在父母发现孩子第一次说谎后，一定要严格对待，并要求孩子做一些她讨厌的事情作为惩罚。比如，在父母识破孩子抄袭作业的谎言后，一定要让她重新做一次，并且告诫她，如果再出现此类情况，将会严厉处罚她。

3. 控制情绪，与孩子平等交流

说谎带给孩子的感觉并不美好，可能会引起她们的紧张、羞愧等复杂情绪。因此，父母在发现她们说谎后，应主动地进行换位思考，想一想她们为什么会说谎，然后心平气和地与她们进行沟通，让她们意识到错误，帮助她们进行改正。比如，孩子为了吃零食而偷拿了家里的钱，此时，父母不应粗暴地训斥孩子，不妨对孩子说："妈妈知道你动用了零钱，我知道你想吃零食又不好意思跟妈妈说才这么做的，但是，偷拿是一种欺骗行为，是不被我们认可的，你认识到自己的错误了吗？"之后可与孩子共同商量一个"零食享用计划"，比如给孩子挑多少样零食，花多少钱去采购等。

4. 注意批评的方式

当父母发现孩子口袋里装有某类小零食时，不要明知故问地对孩子说："你又偷吃零食了，被我发现了！"这是因为，孩子听到父母的话后往往会变得很紧张，由此便会想：妈妈一定很生气，我不能让妈妈知道我偷吃了。在这种心理的驱使下，孩子便会说出更多的谎言，比如"是别的小朋友放我口袋里的""我在路上捡的"。因此，父母不妨对孩子说："洗衣服时，我发现你口袋里有一个零食包装袋，你还记得妈妈之前给你讲的吃太多零食会长胖的故事吗？"或者"你还记得我们约定的零食享用规则吗？"通过委婉地对话，避免孩子说更多的谎言。

父母与孩子之间的相互理解是培养孩子诚实品质的前提。在日常生活中，父母要多与她沟通，多关心她，及时发现她内心的需求与变化。当发现孩子说谎时，可与她一起商量，下次再遇到此类情况可以采用哪些更好的方法来代替说谎。另外，要让孩子明白，哪怕她说了谎，父母还是喜欢她的，只要及时改正，就是父母心目中的好孩子，这样才不会使亲子之间产生误解和隔阂。

喜欢搞恶作剧的"熊孩子"——自我独立意识的体现

　　周末，妈妈要去超市，考虑到中午天气比较热，就把6岁的彤彤留在了家里。过了半个小时，妈妈回到家后，却没有发现彤彤的影子。"彤彤你在哪里？妈妈回来了。"妈妈大声地、焦急地喊着，找了很久也没有找到彤彤，正当妈妈心急火燎、想报警的时候，彤彤打开榻榻米，从里面钻了出来，若无其事地捂着肚子大笑了起来。妈妈气不打一处来，抓住彤彤就揍了一顿。

　　不仅如此，彤彤在学校的时候也特别喜欢搞恶作剧，比如她经常在同学的衣服上贴贴纸，或者故意把同学关在门外，不让同学进教室等。

　　对于彤彤这种爱搞恶作剧的行为，妈妈感到很头疼：别人家的小姑娘都很乖巧，自己的女儿怎么就这么不让人省心呢？

孩子喜欢搞恶作剧，原因是多种多样的：

（1）在好奇心的驱使下，想试探一下当违背父母的要求时会产生哪些后果。

（2）自尊心受到伤害时，产生逆反心理，通过恶作剧达到发泄不满、报复的目的。

（3）孩子被父母忽视，希望通过恶作剧来引起父母的注意。

（4）不懂正确地表达自己的情绪，通过搞恶作剧的方式来表达诉求。比如，明明想与小伙伴一起玩耍，却经常通过捉弄人的方式实现；明明想要老师关注自己，却采用破坏课堂纪律的形式实现。

（5）父母太过于溺爱，孩子不懂得自我约束而为所欲为。

孩子爱搞恶作剧，往往令父母感到非常头疼。但孩子搞恶作剧还有一些可取之处，父母应该正确对待。德国儿童心理学家托马斯·卡尔博士通过研究发现，爱搞恶作剧的孩子往往更具有创造力和想象力，长大后成才的概率更高。这是因为，孩子在实施恶作剧时需要动脑思考，设计一个不被别人发现的方案，这无疑会催化孩子的智力发育。同时，恶作剧还可以提高孩子的独立性。孩子成长的一个表现就是打破父母的规则。孩子搞恶作剧正是借此超越父母规定的界限，因此是一种自我独立意识的体现。但是，如果孩子经常搞恶作剧，这说明孩子可能有一定的行为问题，父母需要注意引导。

1. 弄清情况冷处理

如果孩子搞一些无关紧要的恶作剧只是因为无聊，那么父母可以采用冷处理的方式来对待她的行为，不跟她计较，每次对她的恶作剧都不做反应，坚持一段时间后，孩子自己就会感到无聊，从而熄灭搞恶作剧的热情。

2. 体验后果，让孩子长记性

有的孩子喜欢搞恶作剧是因为在捉弄别人后体会到了"好玩""有意思"，却很少设身处地考虑别人的感受。因此，父母在教育孩子的时候，不妨让她体会一下被人捉弄的感觉。在有了这样的经历后，孩子就能体会到被人捉弄的感觉，从而收敛自己的行为。

3. 努力沟通而非粗暴指责

如果父母在发现孩子搞恶作剧之后，只是一味地指责她，那么她可能无法认识到问题的严重性，还会继续搞恶作剧。因此，父母不妨开诚布公地与孩子聊一聊、问一问她是出于什么原因搞恶作剧的。比如，在父母发现孩子将豆子撒了一地，导致父母不小心滑倒时，父母可以问问孩子，是故意的还是仅仅想观察一下，而不能粗暴地对孩子进行打骂。

最后，父母还要注意引导孩子正确地表达自己的情绪和想法，当自己对某件事情产生不满或委屈的情绪时，要勇敢地说出来，不能采用恶作剧这种非理智的行为，否则只能事与愿违。另外，每一个孩子都有着希望被父母关心的心理需要，所以，父母还应从自身做起，注重陪伴孩子，满足她的心理要求，这也是纠正她搞恶作剧的一种好方法。

—— • 第九章 • ——
异常行为心理

在教育孩子的过程中，父母总会遇到一些棘手的问题，比如孩子喜欢咬人，孩子总是抱着个小玩具不放手……在接触到这样的不良信号后，父母应该勇敢地面对，并结合孩子异常行为背后的心理原因，及时地对其进行纠正，以免她的异常行为陷入恶性循环，影响她的身心健康。

孩子喜欢重复——为了享受独立

萌萌今年4岁半，她总是喜欢问同一个问题，比如，前
几天她总是问妈妈："10大还是5大？9小还是20小？"妈妈
告诉她10比5大，9比20小，可过几天后，她还是继续问这两
个问题，甚至一天要问好多次。不仅如此，晚上妈妈在给她
读故事书的时候，她也总喜欢让妈妈讲同一个故事，这让妈
妈感到十分厌烦，于是就想蒙混过关，在讲的时候故意跳过
了几个情节，可没想到，很快就被萌萌发现了。萌萌大声地
对妈妈说："妈妈讲错了！"这令妈妈哭笑不得，她抱怨地
对萌萌说："总重复讲同一个故事多没意思啊！"

在日常生活中，大多数5岁左右的孩子都喜欢重复做同一件
事，比如，反复地玩同一个玩具，重复地打开遥控器电池仓盖又关
上，反复地阅读同一本书等。那么，孩子为什么会出现这样的重复

性行为呢?

1. 为了加深记忆

孩子的记忆力还不是很完善,她们无法像成人一样在短时间内获取较多的信息,这样,孩子就容易出现记不住的现象,而重复性的行为可以避免这一现象,让她记得更牢。

2. 感知发展的需要

孩子认识世界是从感觉开始的,她只有通过不断地触摸、感知,才能对周围的东西进行分类和总结,从而形成概念。比如,孩子在摸到一个皮球后,她会在一次次的玩耍中,在头脑中形成一个具体的关于"球"的概念,在她掌握了这个概念后,她还会对概念进行迁移。比如,某一天她学习了"圆"这个概念,不用别人教,她就可以将球与圆联系到一起。

3. 为了学习新知识

俗话说"熟能生巧",孩子在不断重复的过程中还可以收获新知识和新技能。由此,我们不难理解为什么孩子在重复某种行为之后,能力得到了大幅提高。比如,通过不断地练习,会玩扭扭车了;通过不断地阅读,会讲故事了……这些行为都证明重复是孩子学习的重要途径之一。

4. 为了享受独立

孩子在重复的过程中可以不断地积累信心，获得满足感。比如，可以熟练地绘画，可以熟练地说出某项游戏的规则等，这都是促使她们自我意识萌发，走向独立的一种方式。

一般来说，随着孩子心智的不断发展，在她们成长到一定年龄段后，她们便不再出现过多的重复行为。那么，父母该如何科学地引导喜欢重复的孩子呢？

1. 给孩子足够的自由

著名教育家蒙台梭利认为：重复可以不断完善孩子的心理感觉，是孩子的智力体操。因此，父母不要表现出不耐烦的情绪，而应耐心地配合孩子，包容孩子，并且给她更多的鼓励和自由。

2. 改变一下规则

很多孩子通过不断地重复，已经达到了对某件事了如指掌的程度，而且在与父母的互动中，她们非常享受这种神奇的"预测"能力。此时，父母与孩子在玩熟悉的游戏时，不妨改变一下游戏规则，让她尝试一下新奇的玩法，比如，对于讲过好几次的故事，父母可有意说错，让她纠正，或者让她给故事换一个结局。这样的方式可以提高孩子的思维能力，增强她们的学习兴趣。

3. 进行扩展

父母可以利用孩子喜欢重复的天性，扩展她的知识范围。比如，孩子喜欢搭积木，父母可以借此机会教她认识物体的形状、颜色以及拼搭技巧。

另外，需要提醒的一点是，面对孩子的重复行为，父母一定要给予肯定，积极配合。比如，很多孩子喜欢盯着一个问题不厌其烦地问，这说明她可能没有弄明白或者特别想知道答案，代表着孩子有着很强的求知欲，父母应该为她的好学精神感到欣慰，并积极地进行鼓励。

不高兴就咬——语言表达能力还不完善

　　静佳是一个活泼又可爱的小女孩，小小的她有着一颗强烈的好奇心，不管什么事都愿意去尝试，自理能力也很棒。但是她成了班里名副其实的小霸王，只要别人不小心惹了她，她张嘴就咬，这令班里的小朋友都非常怕她。老师也教育过静佳，可并没有起到多少作用。

　　一天，静佳又咬了班里的一个小女孩，老师将情况反映给了静佳的妈妈，妈妈急忙来到幼儿园后，看见被咬的小朋友手臂上有一个深深的牙印，便生气地问静佳："你为什么咬这个小朋友，妈妈都告诉过你多少次了，不能咬人，你怎么不听呢？再咬人，妈妈让医生拔掉你的牙！"听妈妈这么说，静佳哇的一声哭了起来，边哭边想咬妈妈。妈妈生气地打了静佳两下，她哭得更厉害了。

心理学认为，如同吮吸一样，"咬"这一行为也是人潜意识里的一种原始冲动。比如，人在紧张或者激动时会咬嘴唇、咬指甲，沉思时咬笔头。一般来说，孩子咬人的原因，主要有以下几种：

1. 语言表达能力欠缺

孩子在学会行走后，随着活动范围的扩大与活动能力的提高，她们与人交往的愿望也越来越强烈。但是碍于语言能力还不完善，她们还无法顺利地与人进行沟通，所以只能通过肢体行为来表达自己的需求。比如，很多两岁的孩子在与别人一起玩耍时，经常会因为别人抢了自己的玩具而出现咬人行为，她们咬人的原因是为了表达自己的不满，想要回自己的玩具。

2. 模仿别人

孩子有着强烈的好奇心与模仿力，当她们看到其他小朋友咬人时，她们可能因为好奇而尝试着咬人。另外，有不少父母在与孩子亲热的过程中，出现了咬的行为，比如咬咬孩子的小胳膊，或者小手指，孩子就会模仿父母的行为，在自己特别喜欢或者讨厌某个小朋友的时候就会出现咬人行为。

3. 侵略行为或者过于兴奋

一般来说，3岁以后的孩子之所以出现咬人行为，多半是借咬人的行为实现自己的愿望。此外，不少孩子由于过度兴奋，也会用咬人的行为表达自己的兴奋。

虽然孩子咬人大多属于身心发展的一个阶段性问题，但父母还应加以重视，以免影响孩子良好性格的形成。那么，对于喜欢咬人的孩子，父母该采取哪些措施来引导和纠正呢？

1. 对于语言贫乏的孩子

父母应耐心引导孩子使用正确的句子来表达自己的需求，教她正确地与人沟通。比如，当孩子因抢夺玩具而出现咬人行为时，父母可以拉着孩子的手，示范给孩子说："我很想玩一下这个玩具，可不可以给我玩玩呢？"并与孩子一起进行演示，这样，她就了解了有比咬人更好的解决问题的方式，从而减少咬人的行为。如果孩子还表达不清，也可以引导她使用手势、拥抱等动作来表达情感。另外，如果自己被孩子咬了，也要装作若无其事的样子，淡化她的咬人行为。

2. 对于模仿他人的孩子

对于因模仿别人而出现咬人行为的孩子，父母要明确地告诉孩子："咬人是一种会伤害到别人的错误行为，爱咬人的孩子是不受大家欢迎的，所以不应该去模仿。"同时，应注意多观察孩子，如果发现她咬人，应立马进行制止和教育。

3. 对于过于兴奋的孩子

心理学研究发现，过度刺激也是孩子咬人的关键因素。因此，当父母发现孩子因过度紧张或兴奋而咬人时，可以通过转移她的注意力或安抚的方式来疏导她的过激情绪。比如给孩子讲一讲故事，或者拥抱一下孩子，以此平复她的情绪。对于孩子的侵略性咬人行为，父母可以把孩子的小手放在她嘴里，让她试着咬一下，问问她："疼不疼？"除此之外，还应严厉地教育孩子，并带着她去向受害者道歉，对她施以小小的惩罚，让她意识到问题的严重性。

特别依恋某种物品——内心情感的需要

蓓蓓特别喜欢看《喜羊羊与灰太狼》这部动画片，并且特别喜欢美羊羊，要求妈妈给她买一个，在蓓蓓的再三要求下，妈妈就给她买了一个，可没想到的是，无论她干什么都抱着美羊羊。妈妈以为是孩子对玩具的新鲜劲没过，就没管她。可一阵子以来，只要妈妈准备拿走蓓蓓的美羊羊，她就开始哭鼻子，每天晚上必须抱着美羊羊，亲亲美羊羊，才能睡觉。妈妈真不明白为什么蓓蓓会这样。

在日常生活中，有不少父母反映孩子对某种物品特别依恋，比如布娃娃、小被子、小毯子等，一旦这些东西没在身边，孩子就会烦躁不安。其实，这些行为都是孩子的恋物行为。

恋物是指儿童对某一物品产生了一种非正常的、过于亲密的依赖关系。它与孩子的内心需要有关。一般来说，从孩子出生六个月时，就逐步建立起与父母之间的依赖，具体表现为喜欢被父母拥抱或照料，这是发自内心的情感需要。但是如果父母忙于工作，没有时间照顾孩子，孩子内心便会承受情感的缺失，转而对身边的物体产生依赖，如洋娃娃、小毯子、枕头等，与物体之间建立起一种不可替代的亲密关系，以达到心理上的慰藉。另外，令孩子感到紧张不安的环境也会诱发孩子的恋物行为，比如，孩子刚去幼儿园或者到了一个陌生的环境，这些变化会给孩子造成恐惧，从而使其借助依恋物减轻害怕心理，对于她们而言，依恋物就是可以给她们带来安全感的"保护神"。

孩子恋物是一种适应环境的方式，也是孩子心理发展的一种普遍现象。因此，父母不必太担心。但是，如果孩子过于依赖某种物品，并且必须在物品的陪伴下才能获得安全感，一旦离开依恋物，就出现哭闹不止、焦躁不安，甚至拒食、失眠等情况时，父母就要采取一定的引导措施，减轻孩子对物品的依赖。

1. 采取渐进的方法让孩子有层次地与依恋物分离

父母可采取渐进式的方法让孩子与依恋物分开，可先从日常的生活小事开始，比如在孩子吃饭、喝水时，以怕把依恋物弄脏为由，劝说孩子把依恋物放在一边。对于这样的要求，孩子一般还是可以接受的。在此基础上，慢慢地拉开孩子与依恋物的距离和时间。比如，让孩子在玩其他玩具时，将依恋物放到一个比较远、但是孩子依然可以看到的地方，从而给予孩子心理上的安全感。之后，再将依恋物完全脱离孩子的视线范围，实现完全分离。这样，孩子就跟依恋物实现了层次性、阶段性的分离。

2. 睡前对孩子进行安抚

孩子内心都害怕黑暗和噩梦，不少孩子正是在睡前的紧张不安中产生了恋物行为。因此，父母不妨在孩子入睡前多多陪伴孩子，给她讲几个故事或者放一首轻缓的音乐，给她打开一盏小灯驱散对黑夜的恐惧，轻轻拍抚她入睡，之后再离开，这样有利于减轻她的恋物心理。

3. 转移注意力，减轻依赖

父母可以采用转移注意力的方式，减轻孩子的依赖习惯。比如，用另外一种玩具或游戏来转移孩子的注意力。还可以慢慢地减少孩子与依恋物在一起的时间，逐渐地将两者分开。比如，父母多带孩子出去玩，每次出门前，让她跟依恋物说"拜拜"，时间久了，孩子自然就更喜欢与人待在一起。

4. 多给予孩子关爱

年幼的孩子都渴望父母的拥抱，她们有着不同程度的"皮肤饥渴"。因此，父母要多拥抱孩子。拥抱应该是经常的，而非只在孩子做了某件好事时才去拥抱。对于孩子来说，拥抱是父母对自己关爱的一种表示，拥抱传递给孩子的信息是"妈妈很爱你，妈妈会一直陪着你，有妈妈在，你很安全……"经常被拥抱的孩子，很少会产生恋物行为。

总之，父母要认真地观察、了解孩子，多陪伴孩子，消除孩子的孤独情绪，耐心地与孩子建立起牢固的依恋关系。除此之外，还应多带孩子参加一些活动，多接触外界，开阔眼界，避免孩子沉浸在自己的世界里。这样，就能帮助孩子顺利地跟依恋物说"再见"。

孩子口吃——语言发展不平衡

茜茜今年3岁，一直是一个能说会道的小姑娘。可最近不知怎么回事，每次一开口说话，她总是结结巴巴的，尤其是说"我"这个字时，要重复好几次才能说出下一个字。妈妈慌慌张张地带她去看医生时，茜茜在医院又变得十分正常了。可一回到家，她又变得结巴了起来，有时候发现自己没说好的时候，她总是唉声叹气，憋得小脸通红。

口吃是一种多发于2～5岁的孩子身上的语言障碍。在孩子各种不良症状中，口吃对孩子的身心健康影响非常大。患有口吃的孩子，容易产生自卑和自闭心理，严重影响了孩子的语言和社交能力的发展。

可是，不少父母会很疑惑：为什么原来说话没问题的孩子，会突然出现口吃的毛病呢？

1. 生理问题

一般来说，我们把控制说话能力的脑半球称为优势半球。习惯用右手的人优势半球在左侧，而习惯用左手的人优势半球则在右侧。如果父母强行纠正左撇子的孩子用右手吃饭、写字，就有可能使大脑在形成优势半球的过程中出现混乱，从而导致口吃。

2. 语言发展不平衡

2～6岁的孩子自我意识发展比较迅速，表现欲也随之增强。但此时，孩子的语言能力还不成熟，思维能力、组词造句能力也处在一个发展阶段，从而导致她们在表达自己的思想时，会感到困难。如果说话又比较着急，就容易造成头脑中的大量信息无法用语言表达出来，即思考与说话无法做到协调配合，从而出现口吃。

3. 父母影响

有研究发现，很多孩子出现口吃的原因是受到了环境的刺激。比如，有的父母过于严厉，动不动就大声呵斥孩子，尤其是在孩子说错某句话或者做错事时，没有控制住脾气，突然责骂孩子，这就容易使孩子受到惊吓，说话变得结结巴巴。

4. 喜欢模仿

孩子的模仿能力非常强。在看到同伴、同学出现口吃的情况时，孩子多在好奇心的驱使下模仿这种行为，时间长了就容易形成口吃的习惯。另外，如果孩子经常与口吃者一起生活，久而久之也会形成口吃。

面对孩子的口吃问题，父母看在眼里，急在心里，那么，到底该如何进行纠正呢？

1. 摸清孩子口吃的原因

想要纠正孩子的口吃问题，父母应努力找到并消除导致孩子口吃的"罪魁祸首"。在找到原因后，父母应对症下药。对于性格内向的孩子，父母可从培养她的良好性格入手。如果孩子的口吃是通过模仿造成的，父母则要抓住时机及时教育，告诉孩子那是不文明的行为，爸爸妈妈并不觉得有趣，并做出正确的发音示范，让她进行重复。如果孩子因为紧张而出现口吃问题，父母应进行自我反省，想一想平时对待她是否太过严厉，从而吸取教训，用尊重、平等的语气与她对话。

2. 不要嘲笑孩子

父母不要因为孩子结巴的样子很好笑，就学她说话，这可能让她觉得大家在嘲笑她，从而使她产生自卑心理。另外，父母在跟孩子说话时，语气应该平缓一些，用平等的语气与她交流。在孩子表达不清楚时，父母可用完整的句子重述孩子说的话，这样做既是表示理解她的意思，提高她的表达信心，也是在教她如何正确地表达。在父母说完后，不要再让孩子像改错那样一遍遍地重复，以免她因紧张而更加口吃。当孩子有进步时，父母要及时给予鼓励，积极地强化她的正确行为。

3. 利用录音纠正

父母可以借一些声音流畅、优美的录音，比如儿童故事、诗歌等对孩子进行纠正。以歌曲为例，一般歌曲的本身往往有拖长音或者重复的字，比较适合孩子听。在孩子把歌曲唱熟之后，父母可与孩子一起说一说歌词，这样因为孩子已经会唱了，对她来说，说也就变得容易了。在此过程中，父母要营造轻松的氛围，对孩子保持耐心，慢慢地帮她矫正。

纠正孩子的口吃问题是一个循序渐进的过程，在孩子出现口吃症状后，父母不要急于矫正，要求她"说清楚一点！"或者"你先想好了再说！"这样做容易令孩子感到压力，反而会适得其反。另外，父母还需营造和谐的家庭氛围，这样亲子之间便能心心相印，孩子在表达自己的情感和思想时，容易得到父母的及时回应，从而改善口吃问题。

"我又病了"——希望获得更多的关爱

5岁的希璇长得既瘦又小，最大的坏习惯就是喜欢装病。一次，她不想吃幼儿园的鸡肉饭，就谎称自己胃疼，让妈妈赶快接她回家。回到家后，妈妈发现她吃了很多零食，一点也不像生病的样子。

前一阵子，幼儿园举行跳舞比赛，眼看就要轮到希璇上场了，可她却说自己腿疼，跳不了，老师赶紧把她抱到了医务室，可还没等医生来呢，她又自己蹦蹦跳跳地跑开了，这让老师感到很无奈。

每天晚上为了让妈妈陪自己睡觉，希璇还总是说自己头疼。虽然很多时候父母和老师都怀疑希璇装病，但是因为她体质的原因，父母总是不敢掉以轻心。可装病并不是一个好的行为习惯，妈妈心想：该怎样做才能让希璇改掉装病的坏习惯呢？

　　在平时的生活中，不少父母都经历过这样的情况：好好的孩子在做某件事情时，身体突然不适，父母在担心孩子健康的同时，也感叹孩子的"病"来得太突然，但出于对孩子健康的考虑，父母还是不敢怠慢，多半会选择带孩子就医。可是，在带孩子去看病时，孩子却又莫名其妙地好了。因此，父母才意识到，原来孩子是在装病。喜欢装病的孩子令父母感到很烦恼，不知该如何对待。

　　心理学认为，一种后天行为的养成首先需要内在需求做前提，比如，个人对得到某件东西的渴望，就是一种内在需要。其次，需要偶然成功的经验，也就是说，偶然的机会令内在需求得到了实现。之后，人们多会将偶然变成必然。也就是说，如果一个人的行为，在多次试验后均得到了满足，那么这个人就会把这种行为固定下来，最终形成一种满足自我内在需求的手段。

　　联系希璇的案例，我们不难看出，在她得病之后，老师和父母比平时更加关心她，这让希璇的内心需要得到了充分的满足。比如，不想吃鸡肉饭，想吃零食时，通过装病得到零食；不想参加比赛，通过装病得到了老师的同意；想要妈妈的陪伴，通过装病得到了家长的关爱。长此以往，这种通过装病获得内心满足的成功经验告诉希璇：只要我装病，父母和老师就可以无条件地满足我的要求，因此，当我想要获得某些东西时，我就通过装病来"控制"大家，引起他们的关注，从而达到我的目的。

一般来说，孩子的装病行为多发生在父母对孩子缺乏关怀的家庭中。平时，父母对孩子不太关心，在孩子装病后，却给孩子更多的关爱。这样的落差令孩子明白了装病可以给自己带来的好处，从而变本加厉。

那么，面对爱装病的孩子，父母该如何进行引导呢？

1. 对孩子装病保持得淡定些

平时，孩子一说不舒服，父母就会表现得紧张不安。父母的这种焦虑情绪，很可能被孩子捕捉到，成为她们向父母提要求的把柄。因此，父母要通过自身的言行给孩子传递这样一种观念：身体不舒服没什么大不了。

2. 减少对孩子的满足

孩子并非天生喜欢用装病的方式获得满足，她之所以这么做，原因是自己在生病时体会到了父母更多的关爱。所以，当孩子生病时，父母也不要降低对她的要求，更不要满足她的无理要求。这个原则可以让孩子明白生病与提要求是两码事，生病并不能让父母成为满足自己欲望的借口。

3. 让"不舒服"变得烦琐起来

装病，对于孩子来说是一种既简单又能迅速见效的方式。根据这一点，父母不妨让"不舒服"变得麻烦起来，这样就延缓了孩子的需求满足，或者让她放弃原来的如意算盘。比如，孩子说胳膊疼，那么，父母可以告诉孩子要带她去医院检查。如果是真的，虽然孩子口头会说"不痛了"，但是表情可能会比较痛苦；如果孩子是在装病，在害怕去医院的想法下，可能就"原地复活"了。因此，父母还需要结合孩子的表现注意观察。

虽然装病是一种不得不进行纠正的不良行为，但是父母也要明白孩子装病行为背后的心理需要，比如，不想去幼儿园，不想睡觉等。找到问题的源头并帮助孩子解决这些"心病"，孩子便不会通过装病来吓唬、要挟父母，自然也就能改掉装病的坏习惯。

手指真好吃——自我安慰的需要

> 未未今年4岁半，她有一个不良爱好——吃手指。她总喜欢趁家人不注意的时候吮吸大拇指，妈妈每次都对她说："不能吃手指，你怎么这么爱吃手指呢？你手指上抹了蜂蜜吗？"未未点头答应，一转身，趁妈妈没发现，又把手指放到了嘴里。

其实，吮吸大拇指的孩子大有人在。一般来说，孩子出生后，出于本能，她们在接触妈妈的乳头时会做出吮吸反射。等孩子稍大一点后，她们会在饥饿时将手指放在嘴里吮吸，借此达到自我安慰的作用。当孩子到了两岁左右，便会使用语言向父母传达饥饿，此时，孩子吮吸手指的现象会自行消失。但如果孩子在4岁之后，还习惯吮吸手指，这就是一种心理问题，具体原因有以下几种：

1. 缺乏父母的陪伴

科学研究发现，儿童天生就有被触摸的需要，她们需要得到父母的拥抱和亲昵，如果这种需要没有得到满足，那么就会产生不正常的行为方式。当父母很少陪伴孩子时，孩子难免孤独、无聊，同时，她们的内心被陪伴的需要得不到满足，只能无奈地通过吮吸手指的方式进行自我安慰。

2. 释放压力

如果父母经常训斥孩子或者对孩子期望过高，而孩子又达不到要求，就会使孩子养成吮吸手指的坏习惯。比如，有的父母在发现孩子吮吸手指后立马对她们进行严厉的批评，结果，她们更加紧张不安，此时，她们总是无意识地将手指放入口中以缓解紧张的心理状态。

心理学研究发现，吮吸手指是儿童时期常见的一种心理运动功能障碍。这种障碍严重影响了儿童的身体健康。

孩子吮吸手指，不仅容易引起疾病，还会导致手部出现变形、肿胀等情况。此外，还会影响牙齿的生长与闭合。除此之外，喜欢吮吸手指的孩子多半会产生自卑、抑郁、焦躁等不良情绪，危害她们的身心健康。所以，父母在发现孩子有吮吸手指的不良癖好时，应及时地进行引导和矫正。

1. 消除环境中的紧张因素

如果孩子缺乏父母的陪伴，或者生活环境经常发生变动，或者家庭氛围不和谐，这些因素都会造成孩子的紧张心理，使她们出现吮吸手指的行为。因此，父母要注意给孩子营造温暖有爱的家庭氛围，平时多陪伴她们，稳定她们的成长环境，这样才有利于帮助她们改掉吮吸手指的坏习惯。

2. 不要口头强化

面对喜欢吮吸手指的孩子，父母不能采用过于严厉的态度来纠正，以免引起她们的抵触，不自觉地变本加厉地吮吸。父母可以结合网络图片告诉孩子吮吸手指带来的严重后果，让她们想象一下自己的手部变形的样子，从而提高她们的自控意识，减少吮吸次数。

3. 转移孩子的注意力

很多孩子是因为无聊而吮吸手指，对于这部分孩子，父母不妨与她们一起玩玩游戏，一起画画，丰富她们的生活，让她们有事做，从而慢慢地改掉爱吮吸手指的坏习惯。

4. 逐渐矫正

父母可以观察孩子每天吮吸手指的次数，然后结合她们的实际情况，为她们做一下记录。比如，孩子每天吮吸手指的次数达到了20次以上，那么，父母可以要求她们每天只吮吸10次，如果她们实现了，就给予她们一定的奖励，之后再给她们制定下一个目标，比如每天只吮吸5次，直至她们告别吮吸手指的坏习惯。需要注意的是，父母需循序渐进地对孩子进行矫正，不能刚开始的时候就严禁孩子吮吸手指，否则可能会适得其反。